湖南种植结构调整暨产业扶贫实用技术丛书

栽桑养蚕
新技术

zaisangyangcan
xinjishu

本书获得国家蚕桑产业技术体系长沙综合试验站建设项目（CARS-18-SYZ12）资助

主　　编：艾均文
副 主 编：李一平
编写人员（按姓氏笔画排序）：
艾均文　巩养仓　李一平　李飞鸣
李章宝　李　霞　何行健　肖建中
邹湘月　唐汇清　黄仁志　龚　昕
廖模祥　薛　宏

CNS 湖南科学技术出版社

《湖南种植结构调整暨产业扶贫实用技术丛书》编写委员会

序言
Preface

重农固本是安民之基、治国之要。党的“十八大”以来，习近平总书记坚持把解决好“三农”问题作为全党工作的重中之重，不断推进“三农”工作理论创新、实践创新、制度创新，推动农业农村发展取得历史性成就。当前是全面建成小康社会的决胜期，是大力实施乡村振兴战略的爬坡阶段，是脱贫攻坚进入决战决胜的关键时期，如何通过推进种植结构调整和产业扶贫来实现农业更强、农村更美、农民更富，是摆在我们面前的重大课题。

湖南是农业大省，农作物常年播种面积 1.32 亿亩，水稻、油菜、柑橘、茶叶等产量位居全国前列。随着全省农业结构调整、污染耕地修复治理和产业扶贫工作的深入推进，部分耕地退出水稻生产，发展技术优、效益好、可持续的特色农业产业成为当务之急。但在实际生产中，由于部分农户对替代作物生产不甚了解，跟风种植、措施不当、效益不高等现象时有发生，有些模式难以达到预期效益，甚至出现亏损，影响了种植结构调整和产业扶贫的成效。

2014 年以来，在财政部、农业农村部等相关部委支持下，湖南省在长株潭地区实施种植结构调整试点。省委、省政府高度重视，高位部署，强力推动；地方各级政府高度负责、因地制宜、分类施策；有关专家广泛开展科学试验、分析总结、示范推广；新型农业经营主体和广大农民积极参与、密切配合、全力落实。在各级农业农村部门和新型农业经营主体的共同努力下，湖南省种植结构调整和产业扶贫工作取得了阶段性成效，集成了一批技术较为成熟、效益比较明显的产业发展模式，涌现了一批带动能力强、示范效果好的扶贫典型。

为系统总结成功模式，宣传推广典型经验，湖南省农业农村厅种植业管理处组织有关专家编撰了《湖南种植结构调整暨产业扶贫实用技术丛书》。丛书共12册，分别是《常绿果树栽培技术》《落叶果树栽培技术》《园林花卉栽培技术》《棉花轻简化栽培技术》《茶叶优质高效生产技术》《稻渔综合种养技术》《饲草生产与利用技术》《中药材栽培技术》《蔬菜高效生产技术》《西瓜甜瓜栽培技术》《麻类作物栽培利用新技术》《栽桑养蚕新技术》，每册配有关键技术挂图。丛书凝练了我省种植结构调整和产业扶贫的最新成果，具有较强的针对性、指导性和可操作性，希望全省农业农村系统干部、新型农业经营主体和广大农民朋友认真钻研、学习借鉴、从中获益，在优化种植结构调整、保障农产品质量安全，推进产业扶贫、实现乡村振兴中做出更大贡献。

丛书编委会

2020年1月

目录
Contents

第一章 概述

第一节　产业发展现状 ………………………………… 1
一、产业地位 ………………………………………… 1
二、产业优势 ………………………………………… 2
三、产业劣势 ………………………………………… 7

第二节　产业发展趋势 ………………………………… 9
一、科学发展，打造现代蚕桑产业 ……………… 9
二、科学养蚕，构建新型养蚕技术体系 …………10
三、科学延伸，拓展蚕业价值链 ………………… 11
四、科学布局，创新产业组织化运行模式 ………11

第二章 桑树高效栽培技术

第一节　桑园类型 ………………………………………13
一、蚕用桑园 ………………………………………13
二、饲用桑园 ………………………………………14
三、果用桑园 ………………………………………15
四、茶用桑园 ………………………………………15

五、菜用桑园 …… 16
六、生态桑园 …… 17
七、体验桑园 …… 19

第二节　蚕用桑园 …… 20
一、新建桑园 …… 20
二、桑树栽植 …… 23
三、树型养成 …… 26
四、桑园管理 …… 30
五、桑叶收获 …… 37
六、桑树修剪 …… 40

第三节　饲用桑园 …… 46
一、饲料桑品种 …… 46
二、饲料桑种植 …… 48
三、机械化采收 …… 51

第四节　果用桑园 …… 53
一、新建果桑园 …… 53
二、果桑栽植 …… 57
三、树型养成 …… 59
四、果桑园管理 …… 62
五、果桑的修剪整形 …… 63
六、果桑的大棚栽植 …… 65
七、菌核病防控技术 …… 68
八、桑果采收技术 …… 72

第五节　茶用桑园 …… 73
一、新建茶用桑园 …… 73

二、茶用桑树型养成 …………………………… 74
三、茶用桑叶收获 ……………………………… 74

第六节　菜用桑园 ……………………………… 75
一、新建菜用桑园 ……………………………… 75
二、菜用桑品种及树型养成 ………………… 75
三、桑芽菜的收获与后处理 ………………… 76

第七节　桑园主要病虫害防治技术 ……………… 78
一、病虫害种类 ………………………………… 78
二、病虫害防治时期及农药谱 ……………… 78
三、病虫害综合防治技术 …………………… 80
四、桑园病虫害防治年历 …………………… 84
五、主要病虫害防治技术 …………………… 85

3 第三章 家蚕高效养殖技术

第一节　蚕的一生和特点 ……………………… 90
一、蚕的生活史 ………………………………… 90
二、蚕的生长环境与条件 …………………… 90

第二节　家蚕品种 ………………………………… 94
一、春用品种 …………………………………… 94
二、夏秋用种 …………………………………… 95
三、特色品种 …………………………………… 99

第三节　养蚕前准备 …………………………… 100
一、合理分批养蚕 …………………………… 100

二、养蚕数量确定依据 …………………………… 101
三、蚕前消毒 …………………………………… 103
四、常用环境消毒药物及其使用方法 ………… 104

第四节　蚕种催青 ……………………………… 108
一、催青 ………………………………………… 108
二、催青时期的确定 …………………………… 108
三、催青标准 …………………………………… 109
四、发种与补催青 ……………………………… 110

第五节　小蚕饲养 ……………………………… 112
一、小蚕的生理特点 …………………………… 112
二、收蚁 ………………………………………… 112
三、小蚕共育 …………………………………… 114
四、小蚕饲养技术 ……………………………… 116
五、小蚕期饲养技术标准 ……………………… 123

第六节　大蚕饲养 ……………………………… 124
一、大蚕期的生理特点 ………………………… 124
二、大蚕饲养技术 ……………………………… 124
三、大蚕饲育方式 ……………………………… 126
四、蚕用药剂及其使用方法 …………………… 131

第七节　夏秋蚕饲养 …………………………… 136
一、主要饲育措施 ……………………………… 137
二、不良气候环境的调节 ……………………… 138

第八节　上蔟采茧 ……………………………… 140
一、熟蚕 ………………………………………… 140

二、上蔟准备 …………………………… 141
三、蚕用蜕皮激素 ………………………… 141
四、方格蔟上蔟 …………………………… 142
五、回转式方格蔟的制作方法 ……………… 146
六、塑料折蔟上蔟 ………………………… 147
七、蔟中保护 ……………………………… 148
八、采茧 …………………………………… 149
九、不结茧蚕和次下茧的发生与预防 ……… 150

第九节　鲜茧收购与干燥处理 ………………… 153
一、鲜茧收购 ……………………………… 153
二、烘茧 …………………………………… 164

第十节　工厂化专业养蚕 ……………………… 172
一、工厂化养蚕模式 ……………………… 172
二、人工饲料育 …………………………… 174

第十一节　养蚕大棚的设计与建造 …………… 175
一、棚址的选择 …………………………… 176
二、面积与规格的确定 …………………… 176
三、标准大棚的设计与建造 ……………… 176
四、单栋简易大棚的设计与建造 ………… 179
五、其它附属设施 ………………………… 186

第十二节　主要病害防治 ……………………… 186
一、血液型脓病 …………………………… 186
二、僵病 …………………………………… 187
三、细菌性败血病 ………………………… 189
四、蝇蛆病 ………………………………… 190

五、农药中毒 …………………………………… 191
六、蚕期消毒防病 ………………………………… 200
七、回山消毒 …………………………………… 201

第四章 桑园立体种养技术

第一节 桑基鱼塘 ………………………………… 203
一、桑基鱼塘的概念 ……………………………… 203
二、构建技术 …………………………………… 204

第二节 桑枝栽培食用菌 ………………………… 206
一、桑枝食用菌生产工艺流程 …………………… 207
二、桑枝食用菌栽培技术要点 …………………… 207
三、几种常见桑枝食用菌高产栽培技术 ……… 210

第三节 桑园间作套种 …………………………… 215
一、主要间作套种果蔬品种与播种时间 ……… 215
二、生产上常用套种作物的栽培方法 ………… 216
三、桑园套种应注意的问题 …………………… 223

第四节 桑园养禽 ………………………………… 224
一、桑园养禽的优越性 ………………………… 224
二、桑园养禽技术要点 ………………………… 225

第五章

蚕桑资源高值化加工技术

第一节　桑叶茶加工 …………………………… 227

一、加工场地与装备 ………………………… 227

二、桑叶绿茶加工 …………………………… 228

三、桑叶黑毛茶加工 ………………………… 230

四、桑叶精制黑茶加工 ……………………… 232

第二节　桑饲料加工应用 …………………… 234

一、加工场地与装备 ………………………… 234

二、桑枝叶青贮工艺 ………………………… 234

三、干桑粉发酵工艺 ………………………… 238

四、桑饲料的畜禽应用 ……………………… 239

第三节　桑蚕丝绵被加工 …………………… 240

一、加工场地与装备 ………………………… 240

二、丝绵加工工艺 …………………………… 241

三、制被工艺 ………………………………… 244

参考文献 ……………………………………… 246

后记 …………………………………………… 251

第一章
概述

第一节　产业发展现状

一、产业地位

中国是世界蚕丝业的发源地。“皇帝亲耕，皇后亲蚕”，劝课农桑始终是我国历史上延续了几千年的农耕社会的立国之策，蚕丝业是解决当时民众衣食温饱的两大支柱产业之一。蚕丝业的传播还孕育了举世闻名的“丝绸之路”，搭建了古代东西方文明交流的桥梁。1908 年以前，我国一直是世界最大的蚕丝生产国，1909 年被日本超越而位列第二。抗日战争期间，尽管我国蚕丝业受到了极其严重的破坏，但蚕丝出口贸易额仍然占当时中国对外贸易总额的五分之一，为抗战最终胜利起到了举足轻重的支撑作用。新中国成立后，我国蚕丝业得到了快速恢复与发展，到 1970 年蚕茧产量达到 12.15 万吨，超过日本的 11.17 万吨，1977 年蚕丝产量也超过日本，达到了 1.80 万吨，均位列世界第一，意味着世界蚕丝业中心又重回到了它的起源国中国。至 19 世纪 80 年代末，蚕丝业是我国重要的出口创汇产业，茧丝绸产品是仅次于石油的第二大宗出口商品，为我国改革开放成功与经济腾飞立下了不可磨灭的功勋。

近20年来，蚕丝业是我国现代农业、特色农业的重要组成部分。蚕桑生产遍及我国1000多个县（市、区），与1000万户农民生计息息相关。2007年蚕茧产量创历史最高水平，达78.21万吨，占世界总产量的80%，生丝产量也占世界总产量的82%，蚕丝业是我国加入世界贸易组织（WTO）后少数几个占据世界市场垄断地位的产业之一。蚕丝是人类衣用材料中最好的服饰材料，世界对蚕丝需求也一直呈现出波浪式的上升趋势。桑树不仅是优良的经济林树种，而且还是理想的生态林树种，栽桑养蚕兼具良好的经济、社会与生态效益，在我国多个省区产业扶贫中已将蚕桑产业列为优先发展的主导产业予以支持。发展蚕桑产业契合了当今既要绿水青山，也要金山银山的发展理念。

二、产业优势

（一）栽桑养蚕周期短、见效快，单位面积比较效益优势明显

建园栽桑、建房养蚕，一次性投入长期受益；从收蚁到售茧只需1个月时间，养蚕周期短、见效快。1亩（1亩≈667平方米）成林桑园仅按年养2张蚕种计算，可产蚕茧80千克，亩产值就可达4000元以上，比种植水稻、棉花、小麦等农作物高。如精耕细作，每亩桑可年养3.5张蚕种，亩产值就可达7000元以上，其单位土地面积产出的比较优势将会更加明显，在有限的土地中会得到更多创造收入的机会。对于一些地区尤其是以农业为主、经济又落后的山区农民来说，种桑养蚕不仅能够脱贫，而且能够致富。蚕桑产业涵盖了蚕桑良种繁育、种桑养蚕、鲜茧收烘、干茧流通、茧丝加工、织绸印染、成品加工、外贸出口及资源多元化利用等多个紧密相连的环节，涉及农、工、商、贸各部门，覆盖第一、第二、第三产业，是一个长而完整的产业链，能实现多产业的融合发展，产业的辐射带动能力强。因此，蚕桑经济也被称为扶贫经济、小康经济，对于提高农民收入、增加地区就业、促进地区经济发展、带动欠发达地区工业化都具有较强的现实意义。“户有3亩桑，脱贫奔小康”，已是湖南省湘西贫困山区养蚕农民的真实写照。在精准扶贫

与乡村振兴中，蚕桑产业可以充分发挥自身优势，既为建设宜居宜业的美丽乡村做贡献，又能促进蚕桑产业的自身发展。

（二）栽桑养蚕适宜区域广，发展空间大

桑树属深根系乔木，1 年生桑树定植苗的根系总长度达 1000 米，10 年生达 10000 米，最深的主根系达 8 米，侧根最长超过 9 米。其根系的 73% 分布于 0~40 厘米的土层中，构成了一个立体交叉的吸水固土网络，不仅极大地提高了桑树的防风固土能力和抗旱能力，还可改善土壤的理化性状和土壤结构，提高土壤肥力和持水力。有研究表明，桑树对重金属镉有较强的耐受性与富集能力，当土壤镉浓度≤ 40.6 毫克/千克时，桑树生长正常，桑叶品质无明显变化。桑树富集的镉主要集中在桑树根茎部，只有 10% 的镉被输送到桑叶，而且家蚕通过食桑叶摄入的镉主要伴随蚕沙排泄出了体外，在蚕体中留存仅 6.7%，家蚕对镉有较强的耐受力。

在多种不良立地环境条件下，桑树也表现出有很强的耐受性。目前我国许多地区将桑树用于治理土地的石漠化、沙化、盐碱化和土壤重金属污染，并已取得良好效果。湖南省双峰县利用桑树治理石漠化土地，洞庭湖区域栽桑发展避水农业，长株潭地区桑树修复重金属污染耕地也取得了十分成功的经验。湖南是我国有名的水泊之乡，也是洪涝灾害频发的省份之一，全省水土流失面积 4.4 万平方千米，占全省土地总面积的 20.8%；湖南是全国石漠化主要集中地区之一，岩溶地区面积 5.44 万平方千米，其中石漠化土地面积 1.48 万平方千米，潜在石漠化土地面积 1.44 万平方千米，石漠化严重程度位列全国第 4 位；据《湖南省“十三五”农业现代化发展规划》，落实国家耕地重金属污染修复治理和种植结构调整试点任务就超过 150 万亩。桑树的生态治理功能，拓展了立桑为业的广阔空间，融入了国家新需求，具有极大的发展潜力。

（三）蚕丝结构特殊，丝绸文化内涵深厚，市场潜力巨大

蚕丝含有人体必需的 18 种氨基酸，其成分和人体肌肤成分十分相近，被誉为“人体第二皮肤”；丝绸服装具有独特光泽，雍容华贵，飘逸轻柔，

被誉为“纤维皇后”；蚕丝是唯一得到实际应用的天然长丝纤维，具有独特的弹性、韧性、保暖性、保湿性、防菌、防紫外线等特性，穿着冬暖夏凉、美观舒适，被誉为“保健纤维”。在人类崇尚回归自然，强调“绿色”“环保”的今天，丝绸产品的舒适与保健功能是其它纤维及加工产品不可替代的独特性能。丝绸是灿烂中华文明的代表，也是历史悠久的中国名片，“丝绸之路”和“丝绸文化”在我国人民心中烙下了深厚的中华情结，对蚕丝产品拥有与消费有着难以割舍的情感和绵延不竭的内在动力。随着我国经济地位上升，国内消费能力不断增强，原来国内潜在市场变成了现实市场。以丝绵被、丝绸家纺、丝针织品、丝绸饰品、丝绸礼品为代表的丝绸产品逐渐走俏国内市场，内销比例逐步提高，至 2017 年已达 60%，中国丝绸产品长期依赖出口的局面已经悄然改变，蚕桑经济也已转为出口、内需双驱动。2016 年，国家蚕桑产业技术体系产业经济研究室利用动态预测法，不考虑价格变化导致的供需变化，对未来五年（2017—2021 年）的蚕茧产量进行预测，发现我国蚕茧产量呈现缓慢下降趋势，至 2020 年蚕茧产量仅为 66.7 万吨（包括桑蚕茧和柞蚕茧，2016 年统计数据为 71.8 万吨）。未来五年蚕丝供给将跟不上需求增长，供不应求情况更甚，供需缺口长期存在且不断增加。

（四）蚕桑资源丰富、种类繁多，利于多元化开发、多层次利用

以传统栽桑养蚕模式来计算桑园年产干物质，桑叶、桑枝条占 64%，蚕沙占 22%，茧丝和蚕蛹各占 3%，其它占 8%。目前利用的主产品茧丝仅占总量的 3% 左右，其它 97% 的资源称之为副产物。在我国资源环境约束仍然趋紧的形势下，将这些丰富的蚕桑资源进行循环开发，拓展其价值链，还有很大的发展空间。

桑叶又名“神仙草”，为药食两用的中药材，具有降糖、降脂、增强免疫力的作用，1993 年被卫生部纳入“药食同源”名单。据估算蚕茧产区桑叶浪费占总产量的 25%~30%，其原料特别丰富，目前开发的产品主要有桑叶茶与桑叶食品等。桑叶茶在日本被称为“长寿茶”，我国也先后开发出了桑叶绿茶、红茶、黑茶及复合茶等系列产品。湖南省蚕桑科学研究所与安化云

天阁茶叶有限公司合作研发的桑叶金花（冠突散囊菌）茯砖茶已获 2 项国家发明专利。桑叶可直接加工成菜肴，加工成桑叶粉后除作饲料用外还可作为原料生产饼干、糖果、挂面等。此外，湖南省双峰县甘棠镇岩门村建有桑叶药用基地，亩产药用桑叶的年收入在 3000 元左右。

栽桑无论是养蚕，还是生产饲料，均会留下大量的桑枝。据《中华人民共和国药典》记载，桑枝为祛风湿、利关节的常用药，还有抗炎、降糖、降脂、提高机体免疫力的功能。每公顷成林桑园可产干桑枝 7.5 吨，干桑枝含粗蛋白 5.44%、纤维素 51.88%、木质素 18.18%、半纤维素 23.02%、灰分 1.57%，营养丰富，是生产绿色和有机食用菌的绝佳原材料，用其生产的桑枝食用菌具有特别的清香味，很受市场青睐。目前在各个蚕区普遍推广的“桑—菌—肥”模式，通过桑叶养蚕，桑枝种菌，菌糠肥田，形成了良性循环，解决了现实中桑枝大量被废弃的同时又有大量原木被砍伐的矛盾，保护了森林资源。

桑果是一种优质水果资源，被称为“第三代水果”，已被卫生部确认为“既是食品又是药品”的农产品之一，味甘性寒，滋阴补血，防动脉硬化，延年益寿。富含功能成分花青素、白藜芦醇与膳食纤维，矿物质元素硒含量特别高，平均达 56.5 毫克/千克。栽植果桑品种亩产鲜果可达 1000~1500 千克。桑果既可鲜食，又可加工成果汁、果酒、果酱、果醋、蜜饯等，市场容量大，产业化开发价值高。

蚕丝绵是由天然桑蚕茧（也包含柞蚕茧）为原料加工而成，具有轻盈、柔软、保暖、透气、吸湿、不刺痒以及抗静电等特点，由其制作而成的丝绵被蓬松轻盈、贴身保暖、透气保健、呵护肌肤，可促进睡眠。基于得天独厚的品质和优点，丝绵被越来越受到消费者的青睐，已成为蚕丝消费的大宗产品。2011 年以来，每年丝绵被生产量均超 2000 万条，所消耗掉的原料茧占蚕茧总产量的 20% 以上。据中国丝绸协会统计，2016 年湖南省丝绵被产量达 61 万条，产值近 6 亿元。

（五）桑叶蛋白质含量高，是动物饲料的优质植物蛋白源

桑叶是一种蛋白质含量高且营养全面的饲料资源，被誉为“二十一世纪的绿色神奇功能饲料植物”。桑叶中粗蛋白含量20%~28%，仅次于大豆，而且桑叶中必需氨基酸总量优于其它常规饲料作物。其限制性氨基酸赖氨酸、蛋氨酸的质量比分别达18.8毫克/克、5.2毫克/克，在糖代谢与蛋白质代谢中起关键作用的谷氨酸质量比也高达13.1毫克/克，利用桑叶适量添加于畜禽饲料可调节氨基酸种类与含量平衡。桑叶中还含有50多种微量元素和维生素，作为畜禽饲料将有助于提高动物机体的免疫应答能力。每亩桑园可生产干桑叶500~800千克，根据桑叶的蛋白质含量推算产蛋白质110千克，相当于200千克大豆的蛋白质含量，其单位面积鲜饲料产量比苜蓿高37.2%。把桑树作为饲料林予以发展，可以把历来存在的造林绿化生态效益与发展畜牧业经济效益的矛盾，转化为林牧结合的生态经济效益。

随着我国城镇化进程的不断加快，迅速增加的城镇居民对动物蛋白及相关产品的刚性需求会进一步扩大，饲料用粮占粮食总产量的比例也会越来越高。目前，我国饲料用粮比例已接近40%，而且有专家估测2030年我国饲料用粮的比例将突破50%，其中蛋白质饲料尤为短缺。据2017年农业部《饲料工业“十三五”发展规划》，2015年进口大豆达5480万吨，作为重要生产原料的大豆对进口的依存度高达75%，面对“人畜争粮”、饲料短缺的困局，迫切需要依靠广辟饲料新资源来化解。湖南是传统的农牧大省，畜牧业产值占农业总产值的比重已连续多年稳定在30%以上，人均生猪出栏量及外销量长期位居全国第一。在国家实施粮经饲统筹、粮改饲战略布局的背景下，饲料桑作为新型的蛋白源，在湖南饲料业转型升级过程中发展饲料桑产业的潜力巨大。

（六）文化资源丰富，是打造特色消费业态的不断源泉

湖南丝绸文化底蕴深厚。马王堆汉墓出土的“素纱襌衣”代表了我国汉初的最高丝绸织造水平；湘绣、苗绣、土家织锦已被收入中国国家级非物质文化遗产保护名录，湘绣还是我国四大名绣之一，为湖南的艺术名片与湖湘

文化的杰出代表，湖南湘绣城成为全国首家由中国文联和中国民协正式授牌的国家级非物质文化遗产保护研究基地。我国几千年来的“农桑并举”“男耕女织”，形成了丰富多彩的蚕业特色“三生”资源。可依托蚕业特色资源，挖掘其生态观光、旅游休闲、农事体验、科普教育等多重功能，推动蚕业资源与旅游元素良性互动，桑园变游园，蚕区变景区，以蚕带旅，以旅促蚕，结合一村一品的蚕桑新村建设，打造一村一景、一村一韵的魅力村庄和宜养宜游的蚕桑园区。发展乡村共享经济等新业态，培育经营新主体，促进第一、第二、第三产业跨界融合，创造蚕业拓展新空间，注入蚕业发展新动能，提高蚕业综合效益。蚕业增彩必将带来农村增美、农民增收、农业增效。

三、产业劣势

（一）劳动密集型与土地密集型致使蚕桑竞争优势越来越不明显

2012 年，国家蚕桑产业技术体系产业经济研究室基于包括湖南在内的全国 107 个蚕桑基地县调查数据，开展了我国蚕桑生产效率与效益的变化分析，其结果显示户均养蚕规模、单位张种收益、单位面积桑园收益均有较大幅度增加与提升，但单位桑园面积的蚕桑生产人工成本占到了整个投入成本的 62.69%，相对于 2005 年又提高了 6 个百分点，人工成本净增约 1 倍，土地成本净增 1.4 倍。随着工业化、城镇化速度的不断加快，农业兼业化、农村空心化、农民老龄化现象更加突出，直接导致农业劳动力缺乏与劳动力成本不断上升。栽桑养蚕工作相对繁重，特别是大蚕期所需劳动力集中，劳动强度大，与其它现代农业产业比较，劳动密集型特点更加突出。也正是劳动力成本与土地成本不断上升，我国蚕桑产业“东桑西移”趋势愈加明显，湖南省蚕桑产业也逐渐由原比较富裕的环洞庭湖地区向农村劳动力相对充裕、土地成本相对低廉的湘西、湘南山区以及湘中的耕地修复和种植结构调整区域转移。

（二）产业规模小，零星分散，组织化程度低

据湖南省商务厅市场调节处、省农业委经作处与省蚕桑科学研究所组成

的联合调查组2002年的调查报告表明：湖南全省122个县（市、区）中有46个具有桑园或在进行蚕桑生产，桑园总面积12.3万亩，年发种量5万张，年产蚕茧2000余吨。据国家蚕桑产业技术体系长沙综合试验站近年的考察结果，目前湖南蚕桑产业主要分布在湘潭（县）、花垣、攸县、双峰、株洲（县）、宁乡、雨湖、泸溪、君山、湘乡、津市、沅陵、澧县、祁东、永兴、洞口、道县、保靖等县（市、区），占全省的80%以上。生产规模已呈现出连片集中趋势，但与国内主要蚕茧产区相比，规模化蚕桑基地、专业大户、家庭农场、蚕工场比例低。以传统小农家庭模式为主，生产经营规模较小，组织化程度低，缺乏技术指导与产业化服务，生产规模化、机械化、工厂化推进较难，抵御风险能力较弱，产业发展易受到其它农业产业的挤压。

（三）产业链不完整，龙头企业带动能力不强

目前，湖南蚕茧收购、加工、营销企业仅有19家，全省行业销售收入不足8亿元。至今仍然缺乏规模化缫丝、织绸企业，加工业主要以生产丝绵为主，生产经营规模小且分散，缺乏以蚕桑产业链为特征的产业聚集地，对湖南省蚕桑产业发展难以产生带动作用，只能为江浙、广东等发达地区的企业提供加工原料。特别是湖南省蚕桑基地的龙头企业普遍缺乏先进的蚕茧收烘设备与厂房，不能按时保质保价进行鲜茧收购，严重挫伤了广大蚕农养蚕积极性，反过来往往会导致这些基地桑园面积在不长的时期内发生较大变化，产业基础难以巩固，规模化发展难以形成。

（四）产品结构单一，产业转型升级压力大

近几年来，尽管我国蚕桑茧丝资源多元化利用产值不断增长，蚕丝产业多元化趋势显现，但“蚕—茧—丝—绸—最终消费品”的传统蚕业发展模式仍占据相当的主导地位，蚕桑茧丝资源多元化利用产品或项目中，仅丝绵被、桑枝食用菌、果桑基本形成了产业化发展格局，而其余大多数项目尚未形成产业化发展态势，仍存在着生产规模小、科技支撑不足、产业化程度低、市场需求拓展不够等问题。湖南省丝绵被产业规模在全国处于中等偏下地位，主要还是采取来料加工方式生产，绝大部分加工原材料来自外省，相

当大成品市场份额依赖外省或出口，湖南省成熟稳定的丝绵被市场仍未完全形成。果桑产业尚处于起步阶段，以鲜果采摘为主，基本没有深加工产品及与之相关的加工企业。目前，湖南省蚕桑科学研究所联合相关高等院校、科研院所、企业协作开展了桑叶黑茶、桑叶饲料、桑叶畜禽产品研究与开发，获得了桑叶黑茶产品生产质量的 QS 认证，形成了一系列特色商品与初级产品，但依旧存在产品科技创新力度不够、加工工艺水平不高、与市场对接不畅等诸多问题，提高市场占有率还存在很多内外因素的掣肘。通过产业链上下游资源整合实现产业转型，依靠科技创新实现产品升级的压力依然很大。

第二节　产业发展趋势

一、科学发展，打造现代蚕桑产业

长期以来，传统蚕桑产业是指以茧丝绸及其相关产品为生产目标的产业，具有鲜明的“桑—蚕—茧—丝—绸—最终消费品”垂直一体化性质，呈纵向维度。但近年来，为了提高产业综合经济效益与行业竞争力，蚕桑生产中原来大量没有被利用或没有被充分利用的桑叶、桑果、桑枝、桑皮、蚕沙、蚕蛹、蚕蛾、蚕丝及桑园、蚕室等资源不断得到综合开发和多元化利用，由此衍生出的药食用途、饲料用途、新材料用途和文化生态用途等新功能持续推动蚕桑产业向林业、畜牧业、食品业、饮料业、医药业、保健业、生态产业、生物产业、文化产业、木材加工业等行业延伸拓展，促使桑、蚕、茧、丝、绸由单一用途向多种用途转变，促进蚕桑产业由以蚕为主的单一产业向以蚕、桑并重的多元化产业发展。这种多链条连接、多产业融合使传统蚕桑业出现了一个横向新维度，纵横维度交织又使传统蚕业加快了转型升级步伐，产业链朝着多功能、开放式、综合性方向延伸（图 1-1）。

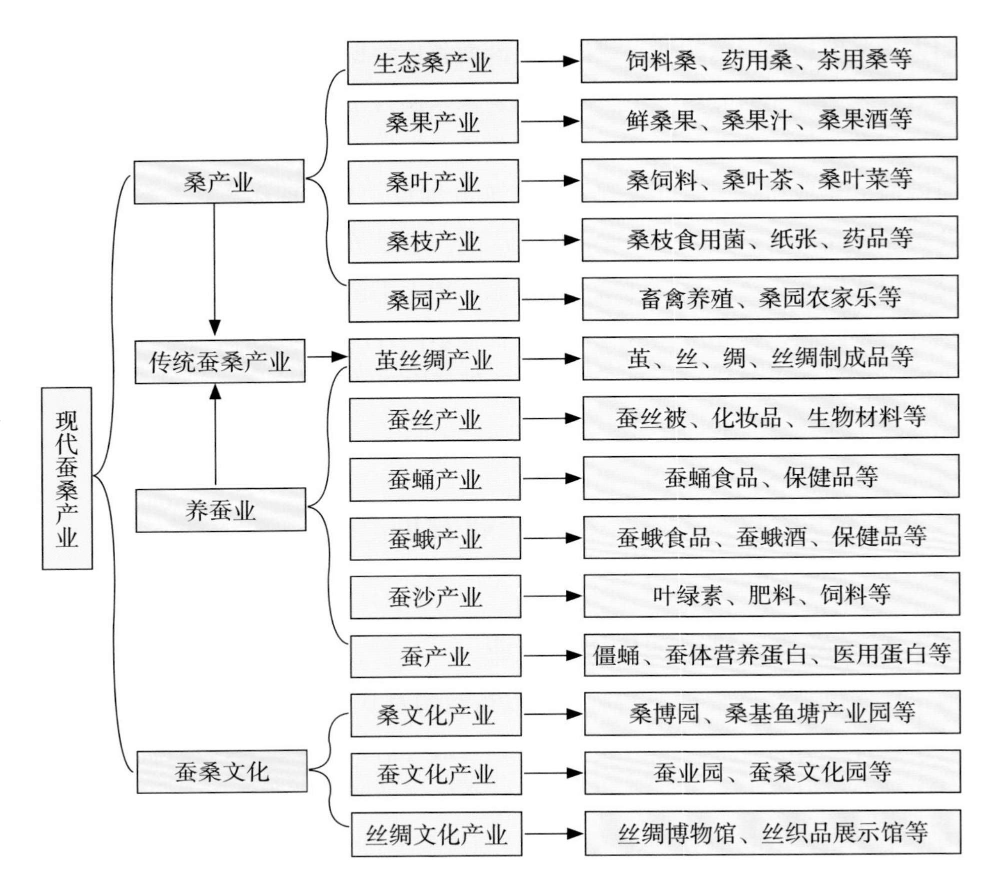

图 1-1　现代蚕桑产业体系的组成结构示意图
（引自李建琴《蚕桑产业转型升级理论与路径》）

二、科学养蚕，构建新型养蚕技术体系

紧跟蚕桑科技创新步伐，从品种选育到操作技术，从简易设施到机械化设备，从共同催青、小蚕共育到适合集约经营的所有环节，逐步建立以省力化、规模化、集约化为主要特征的新型养蚕技术体系。该体系的主要特征是：在栽桑养蚕规模化的基础上，做到基地建设园区化、桑园管理轻简化、桑蚕品种良种化、蚕种催青智能化、小蚕共育电气化、大蚕饲育省力化、上

蔟自动化、统防统治社会化，达到设施装备专业化、技术规范化、产品标准化。通过“育繁推”深度融合，不断加强抗逆性优良品种选育与推广，配套良种良法技术措施与标准，逐步夯实省力化技术体系的基石；不断加大技术研发与资金投入力度，针对蚕农与企业需求，在桑园除草、施肥、打药、桑叶收获、桑枝伐条、养蚕消毒、大蚕饲养、采茧等劳动繁重环节，开展产学研合作攻关，突破蚕业专用机械、器具、设备的研发瓶颈，促进农机农艺深度融合，加快蚕桑专用机械、器具、设备的示范推广，逐步作业机械化，促进蚕桑生产向技术密集型与资金密集型产业的集约化转变，提高劳动生产率；不断加快养蚕新技术的集成与示范，形成可复制、可推广的具有区域特色的养蚕技术体系。通过技术体系革新推动产业发展模式创新，实现气候环境、技术推广与产业模式之间的相互契合、相互协调、相互促进，最终推动传统栽桑养蚕技术体系转型升级。

三、科学延伸，拓展蚕业价值链

国家蚕桑产业技术体系在“十三五”期间提出了“规模高效、生态多元、可持续”的产业发展思路。规模高效是指建设规模化集约化蚕桑基地，“栽桑养蚕”，降低劳动力成本，补技术设备短板，发展规模高效的现代蚕业。生态多元是指挖掘蚕桑资源，特别是桑资源的开发潜力，立桑为业，建立多元化产业发展体系。“栽桑养畜”，种养加一体，发展饲料桑产业；“栽桑养人”，食药康养结合，发展精细蚕业；“栽桑养地”，发挥桑树生态优势，推进产业结构调整，发展生态蚕业；“栽桑养文”，挖掘蚕业文旅、科普功能，发展蚕桑文化产业。可持续是创新不同的种养开发新模式，使蚕桑产业与种植业、养殖业、水产业、林业、旅游业等产业之间循环连接，多产业融合发展，发展循环蚕业，不断打造供应链、延伸产业链、拓展价值链，做到经济生态化、生态经济化，实现人与自然的和谐共生，增强可持续发展能力。

四、科学布局，创新产业组织化运行模式

坚持市场导向、政府推动，根据各地不同的生态产业与特色农业发展要

求，制订规模化基地发展规划，优化区域布局，通过互换并地、返租倒包、股份合作、代耕代种、土地托管等多种方式，实现依桑扩桑、集中连片，构建蚕桑核心示范园区。贯彻与扶贫攻坚、生态治理相结合的产业发展理念，加强产业政策与专项资金引导，创新金融扶持模式，发展一村一品、一乡一业、一县一特，打造蚕桑专业村、蚕桑特色镇，壮大区域经济。培育蚕桑企业、养蚕专业大户、家庭农场等新型蚕业经营主体，推广“公司＋专业合作社＋农户”等产业化经营模式，促进蚕农合作社、家庭农场与龙头企业、新型服务组织集群集聚。通过合同、订单等契约明晰龙头企业、专业合作社与农户之间各种关系及各自的权利与义务，建立分工合作与优势互补的分层、成套、一体的利益联结制度体系，打造以龙头企业为引领、家庭农场与养蚕专业大户为基础、蚕业合作社为纽带的产业化联合体，推动“统一优良品种、统一供应农资、统一技术标准、统一产品认证、统一技术服务、统一市场销售”的六统一服务，使分散的产业环节连接成完整的产业链，实现全产业链提升、全价值链增值，达到延链、补链、强链与联农、带农、强农之目的。坚持产学研一体化，农科教相结合，构建蚕业新技术研究与推广体系，实施新型职业农民培育工程，特别是对新型经营主体带动下的农民进行职业技术培训，培育一支爱蚕业、懂技术、善经营的新型职业蚕农队伍。

第二章 桑树高效栽培技术

第一节　桑园类型

一、蚕用桑园

湖南省适合栽桑养蚕的区域广泛，但作为专用桑园应纳入农业整体规划，因地制宜，适当集中（图 2–1）。选地既要与烟草、鱼藤、除虫菊种植地以及工厂保持一定距离，以防有毒物质与工业“三废”污染桑叶，又要避免“稻–桑”“棉–桑”等混种，确保与这些常用病虫害防治药物的作物相隔一定距离，以防桑叶中毒事件经常性发生。

图 2–1　长沙九春科技发展有限公司成片桑园

专家指点：烟草的烟碱、除虫菊的除虫菊素、鱼藤的鱼藤酮均对昆虫有触杀、胃毒作用。因此，桑园必须距离这些作物种植地500米以上，如果这些作物成片种植面积越大，其相隔距离应更大（图2–2）。

图2–2　烟草种植地

二、饲用桑园

近年来，桑树作为畜禽和鱼类饲料被广泛开发利用，其营养成分丰富而均衡。这种以生产非蚕用饲料的桑园，称为饲用桑园。每亩桑园可生产干桑叶500~800千克，其蛋白质含量为110千克以上，相当于200千克大豆的蛋白质含量，其单位面积鲜饲料产量比苜蓿高1/3，是理想的新型植物蛋白源。桑叶和嫩茎畜禽可以直接鲜食，将其晒干后还可加工粉碎与其它饲料配合使用，也可直接喂牛、羊等（图2–3）。建园时应避开工业“三废”、有毒污染源等区域。专用饲料桑以可密植、耐剪伐桑树品种为主，目前主要为杂交桑品种。

图2–3　饲用桑园及桑饲料

专家指点：1993 年，桑叶被卫生部纳入“药食同源”名单。其必需氨基酸总量优于其它常规饲料作物，将适量桑叶添加到畜禽饲料可调节氨基酸种类与含量平衡。它还含有多种微量元素和维生素，作为畜禽饲料还有助于提高动物机体的免疫能力。桑叶是理想的功能性动物饲料。

三、果用桑园

桑葚是桑的果实，属浆果类型。富含功能成分花青素、白藜芦醇与黄酮类化合物，具有较高的营养和药用价值。传统中医认为，桑葚具有滋阴、补肝、补肾、补血、明目、乌发养颜、治疗失眠和神经衰弱、抗疲劳、防治便秘等功效。桑果既可鲜食，也可加工。湖南省大部分地区均适宜栽植果桑，但建园规划时不仅必须集中连片，交通便利，而且还必须避开煤烟、废气、废水、有毒物质等污染源，远离油菜田及有菌核病发生的老桑园，确保生产的桑果卫生安全、无污染。桑园通风向阳，土壤为肥力中等以上的壤土或砂壤土，pH 值 6.0~7.5（图 2–4）。

图 2–4　果用桑园

四、茶用桑园

1–脱氧野尻霉素（DNJ）是 α–糖苷酶的抑制剂，能明显抑制食后血糖急剧上升，在高等植物中仅桑科植物中有发现；桑叶中富含的黄酮类化合物是一种天然的强抗氧化剂。用桑叶制成的茶具有降低血糖、减肥、预防流感等作用。现已有部分桑叶茶被批准为具有降血糖等辅助治疗作用的功能性食品。从发展无公害桑叶茶生产的要求出发，选择茶用桑园的首要条件是周围不存在污染源，产地的大气、水质和土壤的环境监测结果要符合无公害茶叶生产环境标准，附近不能有工业“三废”排放，而且要远离交通主干道，一般要求距离 2000 米以上。优质茶用桑园要求土层深厚，质地砂壤，土质疏松，通透性良好，持水、保水能力强，渗水性能好（图 2–5）。

图 2–5　泸溪桑叶茶基地

专家指点：根据不同区域桑叶功能性成分的比较分析，桑叶茶基地宜选择在海拔高度 400 米以上、周围农田较少、水肥条件优越的种植区域，利于生产品位高、口感好的原料茶。

五、菜用桑园

桑树是药食两用植物。桑叶含有丰富的蛋白质、碳水化合物、抗坏血酸、类胡萝卜素、多酚、维生素等多种营养功能成分，特别是人体所需的黄酮类、1– 脱氧野尻霉素（DNJ）、γ – 氨基丁酸（GABA）等生物活性成分含量高，能降糖、降脂、清除氧自由基、消炎及抗病毒，有一定的抗衰老、抗肿瘤、美容养颜、散热退肿、益肝通气、降压利尿功效，是功能性食品的理想来源。有研究表明，幼嫩桑叶的生物活性成分含量高于老桑叶。近年来，以幼嫩桑芽部分（含有顶芽、2~3 片嫩叶及未木质化的嫩茎）为原料加工制作成的品类繁多、特色各异、鲜味可口的桑芽菜在市场上热销，颇受人们青睐。为了生产健康、养生菜品，菜用桑建园选址应符合《NY/T391—2000 绿

色食品　产地环境技术条件》的绿色食品蔬菜生产生态评价标准，桑树管护过程中应按照标准《NY/T393—2013 绿色食品　农药使用准则》与《NY/T394—2000 绿色食品　肥料使用准则》使用允许的肥料、农药。选择栽培发芽能力强，营养、风味物质与总抗氧化活性物质含量高，单宁等苦味物质、纤维素含量低的菜用桑品种（图 2-6）。

图 2-6　菜桑采摘及桑芽菜

六、生态桑园

桑树属深根系乔木，根系生物量占总生物量的 53%，地下根系分布的面积为树冠投影面积的 4~5 倍，其发达根系构成了一个立体交叉的吸水固土网络，这极大地提高了桑树的防风固土、抗旱耐淹能力。此外，桑树对重金属镉等也有较强的耐受性与富集能力。在石漠化区域、水土流失区域、水库消落带、重金属污染区域、尾矿治理区域等不同的生态治理区域（图 2-7），发展生态桑园，拓展产业的生态涵养新功能，契合了既要绿水青山，也要金山银山的发展理念，有着广阔的产业化发展空间。

双峰甘棠镇石漠化治理桑园

陕北水土治理桑树梯田

长江三峡消落带桑园

湘潭响塘锰矿污染耕地修复桑园

花垣铅锌尾矿治理桑园

图 2–7　不同类型的生态桑园

专家指点：桑树是一种多年生、寿命长的木本阔叶植物，其光合作用强，生长茂盛，生物量和储炭量大，因此桑树是固碳减排的优良碳汇林树种。据初步估算，每亩桑树年吸收 CO_2 约 4162 千克，折合纯碳 1267 千克，年释放 O_2 约为 3064 千克。桑叶对大气中的 SO_2、Cl_2、HF、Pb 复合污染物等有毒有害物质有很强的耐受性和吸收净化能力，在国内的新疆、国外的希腊等地已将桑树作为行道树予以推广（图 2–8）。因此，桑树又称绿化桑、生态桑。

图 2–8　新疆克拉玛依市城市行道树（左为春季，右为晚秋）

七、体验桑园

体验桑园是以蚕业特色“三生”资源与蚕桑文化为主题，挖掘桑田景观、蚕桑农事、蚕丝加工、桑果采摘、蚕桑食品加工等在生态观光、旅游休闲、农事体验、科普教育等方面的多重功能与价值，利用“旅游+”“生态+”等模式打造而成的各类蚕桑休闲农庄、蚕桑村、蚕桑特色小镇以及精品旅游线路。它是传承蚕桑文化、承载田园乡愁的重要载体。蚕桑休闲体验园的发展壮大，可不断推进蚕桑产业与旅游、教育、文化、康养、饮食等其它产业深度融合，培育休闲农业、创意农业、乡村旅游业等新型消费业态，促进乡村旅游合作社（企业）快速发展，并最终形成集循环农业、创意农业、农事体验于一体的田园综合体（图 2–9）。

图 2–9　望城区靖港任龙果桑采摘体验基地及建设示意图

专家指点：“桑基鱼塘”是具有二千多年历史的人工生态循环农业景观，蕴涵了丰富多彩的蚕桑文化，成功入选了中国重要农业文化遗产。湖南省任龙农业科技有限公司在国家蚕桑产业技术体系长沙综合试验站指导下，在靖港镇格塘村人工构建了“桑基鱼沟”微型生态循环系统，桑基栽果桑，树下养禽，桑果采摘，桑叶养蚕，蚕沙养鱼，展示多种蚕桑农事，开发多种蚕桑食品，以“桑—果—蚕—游”模式，集“吃、玩、游、购、娱”于一体，融合第二、第三产业，为长沙市民提供了一片“市外桑园”，取得了良好的社会、经济、生态效益（图 2–10）。

图 2-10　望城区靖港任龙农业科技有限公司的“桑基鱼沟”

第二节　蚕用桑园

一、新建桑园

（一）桑树品种

1. 湘 7920

图 2-11　桑树品种“湘 7920”

“湘 7920”为湖南省蚕桑科学研究所育成，1996 年全国农作物品种审定委员会审定。树体高大，枝条粗长而直，侧枝少，皮青灰色，皮孔粗大突出，叶序 2/5，冬芽长三角形、棕褐色，叶卵圆形、翠绿色，叶面平整，光泽强，开雌花，葚少、紫黑色。早生中熟桑品种，发芽早、整齐、成熟快，发芽率高，耐湿强，抗病性中等，桑叶产量高，在国家审定桑树品种中名列前茅，为长江流域主要栽植品种。栽植密度以每亩 700~800 株为最好，需要水肥充足，加强桑天牛防治。秋季应及时用叶，以免桑叶硬化（图 2-11）。

2. 农桑 14

“农桑 14”为浙江省农业科学院蚕桑研究所育成。树形直立稍开展，发条数多，枝条粗长而直，无侧枝。节间密，皮色灰褐，枝条基部根源体突出明显，冬芽正三角形，棕褐色，副芽大而多。叶心脏形，叶形较大，叶肉厚中等，叶色绿，叶面稍平滑，光泽一般，叶片向上斜生。开雄花，花穗较多。早生中熟品种，秋叶封顶硬化较迟，抗桑疫病、黄化型萎缩病以及桑蓟马、红蜘蛛、桑粉虱力强。栽植密度以每亩 750 株为最好。需要大水大肥，抗旱性较弱，秋季要特别重视抗旱管理。冬季宜重伐条，从而减少来年的花穗，提高叶产量（图 2–12）。

图 2–12　桑树品种“农桑 14”

3. 强桑 1 号

“强桑 1 号”为浙江省农业科学院蚕桑研究所育成。该品种树形直立，树冠紧凑，枝条粗长，侧枝少，节间密；发条数中等，长势旺盛，皮色青绿；冬芽长三角形，深褐色，贴生或稍离，有副芽；成熟叶深绿色、长心形，叶形大，叶肉厚，叶面平滑，光泽强，叶片着叶稍下垂。成年树偶有雌花。春季发芽早，中生中熟品种，发芽率高，生长势旺，桑叶产量高。下部黄落叶少，秋叶硬化较迟，耐瘠一般，耐旱，移栽成活率稍低。每亩栽植 700~800 株，种植定干时宜降低主干，扩展树冠，养成二级支干的丰产树型，同时应注意多留条，增加有效条数。需要水肥充足，应加强对桑天牛的防治。桑疫病易发地区慎栽（图 2–13）。

图 2–13　桑树品种“强桑 1 号”

4. 育 71-1

图 2-14 桑树品种“育 71-1”

“育 71-1”为中国农科院蚕业研究所育成，1995 年全国农作物品种审定委员会审定。皮色青灰，侧枝少。冬芽三角形，较大，黄褐色，尖离枝条，副芽小而少。叶心脏形，叶色深绿，有光泽，叶尖锐头，叶基心形，叶肉厚中等，叶形较大，约 23 厘米 ×19 厘米，叶面光滑，光泽强。雌花，较少，葚较小。发芽较早，发芽率 80%，中生中熟品种，叶质较好。每亩栽 800~1000 株，低干养成。抗黄化型萎缩病。叶片蜡质层厚，对桑蓟马、桑红蜘蛛等微体昆虫抗性较强。在多雨水年份，易受细菌病危害（图 2-14）。

（二）桑苗准备

湖南省栽植的桑苗大多从外省调运。确定调苗地点后，一定要派专业技术人员实地考察。考察项目为：苗木数量、桑苗长势、品种及纯度、检疫性病虫害等。待桑苗落叶后，起苗分级，捆扎后运输。桑苗运回后要及时栽植或假植，避免桑苗干枯发霉，影响成活率。栽桑时选栽根系发达、苗木新鲜、苗干粗壮、冬芽饱满、无病虫害的桑苗。

（三）桑园建立

丰产密植桑园要求土壤肥沃，光照充足，集中连片，作业道路、排灌渠道配套，坡度 25° 以下的平整地块，事先要进行精细整理，改良土壤。成块桑园可按栽植行距挖好栽植沟，沟宽沟深各 40~50 厘米；零散地多边栽桑，按 50 厘米见方挖栽植穴。并把沟、穴底的土挖松，土壁保持粗糙状态，以增强水分的渗透力。然后以堆肥、厩肥等农家肥为主，施足底肥。一般每亩桑需人畜粪、腐熟厩肥等有机肥 1500 千克以上（图 2-15）。红壤土每亩可施 50~80 千克石灰，以对酸性土壤进行改良。如对南方酸性过重、又缺磷肥的土壤进行改良，则需每亩施 80~100 千克石灰后，过一段时间再追施 50~100 千克钙镁磷肥等，一次性混施会影响肥效。

图 2-15　桑园栽植沟开挖及底肥撒施

二、桑树栽植

（一）栽植时期

桑树栽植一般在落叶后至第二年春季发芽前进行，这时桑树处于休眠阶段，体内贮藏养分较多，蒸腾量较少，栽后容易成活。

专家指点：湖南省以春节前栽植最好，有利于劳力调配，桑苗根与土壤密接时间长，春季发芽早，生长也快。春节后栽植，最好在桑树发芽前，要越早越好。若头年秋末就已起苗、春节后才栽植的桑苗，必须假植好，以免造成苗木枯萎或发霉，影响成活率。

（二）栽植密度与行向

栽桑密度需根据桑园地势、土壤、桑树品种和要求的树型等不同情况因地制宜确定。湖南省桑园一般采取宽行窄株的栽植形式。低干桑每亩栽 800~1200 株，中干桑每亩栽 600~700 株。直立型桑树品种宜密，展开型桑树品种宜稀。不同密度的栽植株行距配置如表 2-1。

表 2–1　不同密度栽桑株行距配置

亩栽株数/株	行距/米	株距/米	树型
600	2.00	0.56	中干
	1.67	0.66	
700	1.67	0.57	
800	1.67	0.50	低干
	1.50	0.56	
900	1.67	0.44	
	1.50	0.49	
1000	1.50	0.44	
	1.33	0.50	
1200	1.7	0.33	
	1.33	0.43	

桑树的栽植行向依自然地形而定。若为有利于通风，植沟一般以南北向为好；若为有利于透光，植沟则以东西向为好。但堤岸、沟巷栽桑，应与堤岸、沟巷走向平行。外洲河滩地栽桑植沟应顺水流方向，以减轻洪水对桑树的冲刷。

专家指点：桑树宽窄行栽植利于桑园套种与桑叶收获，提高桑园复种指数，已在全国多地形成了特色各异的模式。其中四川宁南“6215”模式极具特色，其具体标准为“宽行 6 尺（1 尺≈0.33 米），窄行 2 尺，株距 1.5 尺”的三角形错位栽植，宽行按季节可套种黄豆、花生、马铃薯等低干经济作物（图 2–16）。湖南应以“宽行 6 尺，窄行 2 尺，株距 1.8 尺”的三角形错位栽植为宜。

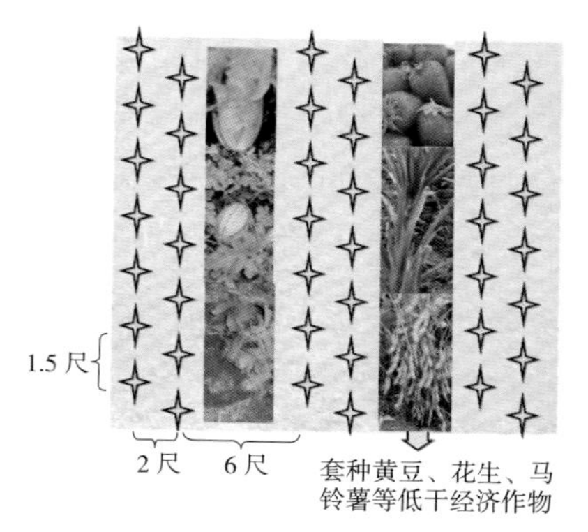

"6215"模式示范基地

图 2-16　桑树宽窄行栽植

（三）栽植方法

图 2-17　桑苗栽植

栽桑时按挖好的植沟、植穴，逐一栽植。一般根多的一面朝北，但外洲河滩地栽桑根多的一面朝上游。要掌握"干正根伸、浅栽踏实"的栽植要领。先在植沟、植穴的底肥上放一层细土，以免肥料烧伤苗根。然后将桑苗端正放在沟、穴中间，理伸根系，再填细土。当细土埋没苗根时，将苗干稍许向上提摇动几下，使细土充分填满根系空隙，再边填土边踩紧，使土壤与根紧密结合。壅土深度以桑苗根茎部埋入土中 2~3 厘米为宜，黏土稍浅，沙土稍深（图 2-17）。

专家指点：湖南省一般采用沟栽为好，采用机械挖沟省力又规范，栽植时切忌深栽，尤其是水稻田和地下水位较高的地方栽植桑树务必浅栽，防止涝害。

（四）栽植后的管理

桑苗栽植后要加强管理，以提高成活率，促进桑苗快速生长。

1. 灌溉排水

桑树栽植后，平整土地，开畦理渠。桑园沟系为墒沟、腰沟、中心沟组成的三级沟系，必须沟沟相通，级差分明，能排能灌。砂壤土宜浅，黏壤土宜深；地下水位低宜浅，地下水位高宜深。及时灌一次定根水，使土壤与苗根紧密结合。湖南省春季雨水偏多，特别注意桑园排水，做到雨后桑园无明水。

2. 剪干

桑苗栽植后为避免风吹，应及时剪去一部分树干，待发芽前再行定干，以免干枯影响定干高度（图 2–18）。

苗干剪除方法 1.剪定适当的方法。
2.剪定不当的方法。

图 2–18 栽植桑苗的定干

3. 疏芽

春季发芽后，待桑芽长到 10~15 厘米时，选留位置适当的健壮桑芽，多余桑芽全部疏去，以集中养分供留芽生长，为培养第一支干打好基础。

4. 补植

栽桑时要在桑行中假植部分桑苗作为补植用的预备株。桑树发芽开叶后，发现死株要及时补植。

专家指点：新栽桑园最害怕桑园渍水，务必开好腰沟和中心沟，确保桑苗不渍水。桑苗定干应在发芽前，按照主干高度适时定干。疏芽时每株应保留 2~4 根壮芽作为第一支干。补植与疏芽同时进行为好。

三、树型养成

桑树栽植后，需经人工剪伐，逐年养成一定的树型，才能使树形整齐，树势健壮，生长旺盛，花果少，减轻病虫危害，减少不必要的养分消耗，便于培育管理和采叶养蚕，提高桑叶产量、质量和利用率。

（一）拳式低干桑养成法

目前，为了快速成园，各地大都采取拳式低干树型养成。一般每亩栽800~1200株。第一年桑苗栽植后，在发芽前离地面20~30厘米处剪去苗干，当新芽长到10~15厘米高时，选留上部生长健壮、着生位置分布均匀的新芽2~4个，其余的芽疏去，当年养成2~4根壮枝，晚秋可采少量桑叶养蚕。

第二年桑树发芽前，以离地面40~50厘米处剪断，养成第一支干，各支干离地面的高度应在同一水平上，以保持树形整齐。发芽后每个支干选留2~4个芽生长，每株养成6~10根枝条，每亩留条约8000条，以后每年就在此剪断部位继续剪伐，养成拳式低干树型（图2-19）。为了在树型养成期间多养蚕，也可在春季采叶后，在同一离地高度上夏伐定干。

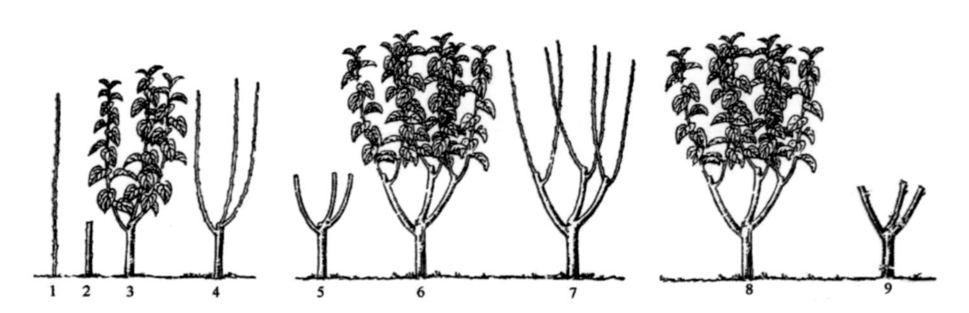

1. 栽植当时　2. 植后剪干　3. 当年生长情况　4. 第1年冬季　5. 第2年春伐　6. 第2年生长情况　7. 第2年冬季　8. 第3年春季　9. 第3年夏伐（每年在第2年春伐部位夏伐成拳）

图2-19　拳式低干树型养成示意图

（二）拳式中干桑养成法

桑园立地与水肥条件稍差，适宜养成拳式中干树型。一般每亩栽600~700株。如栽植密度偏大，则定干高度偏低，反之亦然。

第一年桑苗栽植后，在发芽前离地面 25~30 厘米处剪去苗干，当新芽长到 10~15 厘米高时，选留上部生长健壮、着生位置分布均匀的新芽 2~3 个，其余的芽疏去，当年养成 2~3 根壮枝，晚秋可采少量桑叶养蚕。

第二年桑树发芽前，在离地面 45~55 厘米处剪断，养成第一支干，各支干离地面的高度应在同一水平上，以保持树形整齐。发芽后每支选留 2~3 个壮芽，每株养成 4~6 根壮条，中秋可采枝条中、下部叶养蚕。

第三年桑树发芽前，在离地面 65~75 厘米处剪断，养成第二支干，发芽后每支干选留 2~3 个生长芽，每株养成 8~15 根枝条，每亩留条约 8000 条。以后每年均在该剪断部位剪伐，即养成拳式中干树型（图 2-20 至图 2-21）。为了在树型养成期间多养蚕，也可在第二年与第三年的春季采叶后，在各年树型养成目的离地高度上夏伐定干。

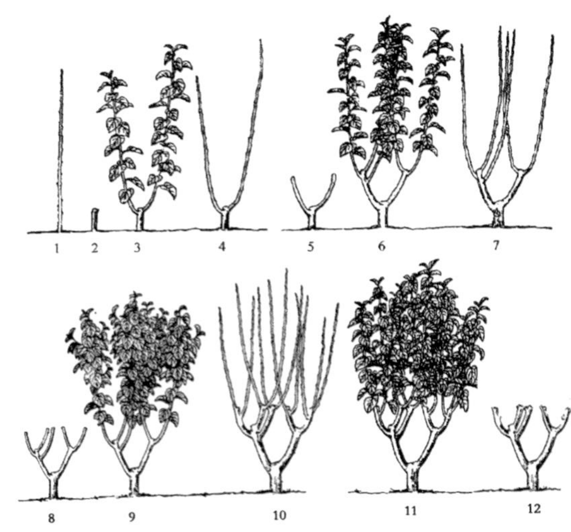

1. 栽植当时　2. 植后剪干　3. 当年生长情况
4. 第 1 年冬季　5. 第 2 年春伐　6. 第 2 年生长情况
7. 第 2 年冬季　8. 第 3 年春伐　9. 第 3 年生长情况
10. 第 3 年冬季　11. 第 4 年春季　12. 第 4 年夏季
（每年在第 3 年春伐部位夏伐成拳）

图 2-20　拳式中干树型养成示意图

图 2-21　拳式中干树型第三年春伐

专家指点：湖南省平原区土壤肥沃，大多采用低干树型养成。低干树型养成时间短，收获早，成林快，产叶量高，但树势易早衰败，应加强水肥管理，满足桑树生长所需的肥水条件。如果栽植密度更稀或四边桑，则可以采取三级支干的拳式高干树型养成，树拳离地高度 90~110 厘米。

（三）无拳式低干树型

湖南省西部蚕区桑园立地条件多为山地，灌溉不便，春季光照不足，夏秋季虽然温度相对较低但又多旱，如采取拳式树型养成，则在夏伐后，不利于潜伏芽抽发新芽，往往枝条细短，桑叶易硬化，不仅导致当年养蚕数量少，而且将影响翌年桑树的长势。为此，选择气候与地势均相近的四川、重庆等地普遍推行的无拳式树型养成方法。一般每亩栽桑 750~1000 株。

第一年春季，在桑苗栽植成活后，当新芽长到 10~15 厘米高时，在主干离地 25~30 厘米处剪去苗干，养成 1 根主干。选留主干上部着生位置较好的 2~3 个健壮芽生长，其余的芽要疏去。

第一年冬季，在离地面 45~50 厘米处剪断，养成 2~3 根一级支干。各支干离地面的高度大致平齐，以保持树形整齐。第二年开春发芽后，每个支干选留 2~3 个壮芽生长，每株养成 4~5 根壮条，中秋可采枝条中、下部叶养蚕。

第二年冬季，在离地面 60~65 厘米处剪伐，养成 4~5 根二级支干。第三年春季，每个二级支干选留 2~3 根壮芽生长，即每株留芽 8~10 个，达到每亩桑 8000 根左右的收获条。

第三年冬季及以后，每年冬季修枝整形时，每株桑树留生长健壮、分布合理的 4~5 根枝条，其余枝条从基部剪掉，并修去干桩干疤。在冬至前后，对修枝整形留下的枝条，在基部上方 5~7 厘米处下剪，做到剪口平滑、桩头平齐（图 2–22）。

这种修剪方式被称为冬季重剪，树干会逐渐升高，就不得不采取 3 年一小腰、5 年一大腰的截干（又称腰）方法降一级或多级支干，达到树势复壮。

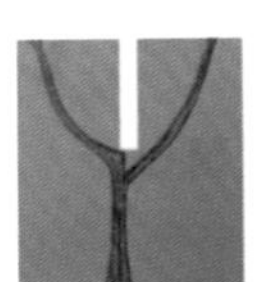
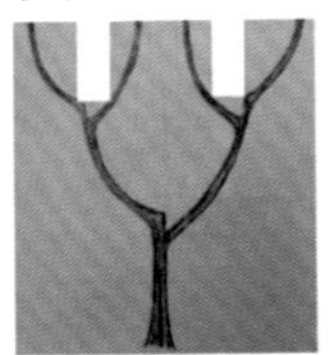

第一年春定主干　第一年冬定一级支干　第二年冬定二级支干　成林树留桩

图 2-22　无拳式低干树型养成（上为示意图，下为实型图）

四、桑园管理

（一）桑园抗旱与排水

1. 抗旱时期与方法

桑园灌溉的时期，因各地干旱季节的时间与干旱程度而异。如何确定灌水的具体时间，其方法很多。第一，测定土壤含水率，当桑园土壤含水率低于田间持水量 50% 时应进行灌溉；第二，观察桑树生长情况，当出现新梢生长速度减慢，节间缩短，上下叶片开差悬殊，顶端二三叶显著变小，叶色浅绿，有的过早封顶，说明桑园已缺水，需灌溉；第三，在桑树行间挖 30~40 厘米深的穴，取出样土，沙土捏紧后松开不能成团，黏土捏紧虽能成团，但轻轻挤压容易发生裂缝，说明土壤缺水。灌溉的方法一般为沟灌，有条件的地区可进行喷灌、膜下滴灌（图 2-23）。高温季节应避免在中午灌水。

专家指点：湖南省往往出现“伏旱”，因此，夏、秋季抗旱灌溉就显得十分重要。晚秋时桑树生长缓慢，一般不需灌水。

图 2-23　桑园抗旱（左为膜下滴灌，右为喷灌）

2. 排水

在雨量集中的季节和地势低洼、地下水位较高，土质黏重、排水不良的桑园，由于土壤缺乏空气，使桑根呼吸困难，吸水作用受到抑制，致使桑根腐烂发黑（图 2-24）。因此，必须及时开沟排水。

专家指点：在新建桑园时，应设置完善的排水系统，这是防涝的重要措施。平时要注意疏通沟渠，使水畅通，做到雨后不积水，㙟沟、腰沟、中心沟，沟沟相通。

图 2-24　桑园受涝

（二）桑园施肥

1. 施肥时期

桑园施肥分春、夏、秋、冬四个时期。

春肥，又称催芽肥。其主要作用是促进桑树芽叶迅速成长和延长叶片的生长期，增加生长芽和新梢着叶数。春肥不仅能增加春叶产量，还对提高夏秋季产叶量及夏伐桑树发芽率有一定促进作用。春肥施用时期一般在桑树发芽时至用叶前一个月为宜，以速效性氮肥为主，通常用腐熟的人畜粪尿和氮素化肥。

夏肥，又称谢桑肥。春蚕结束后，夏伐桑树的叶片被采光，枝条亦伐尽，春伐（包括冬季重剪）桑树也仅留下少部分桑叶，桑树自身同化能力均急剧下降。但 6~8 月气温高，日照强，桑树迅速恢复生长，是一年中最旺盛的生长时期，其枝叶生长量约占全年总生长量的 70%，必须早施、重施夏肥，才能满足桑树旺盛生长对营养物质的需要。夏肥一般在春蚕结束后至早秋蚕饲养前分两次施入。第一次在 6 月上中旬（夏伐桑树则在伐条后）及时施下，第二次于 7 月初夏蚕结束后施入。由于这个时期的温度高，肥效分解快，除追施速效肥外，可配合施一些蚕沙等迟效性有机肥。

秋肥，又称枝叶肥。于早秋蚕结束后至 8 月下旬施入。其主要作用是促进秋叶继续旺盛生长，延迟硬化，提高秋叶的产量和叶质，对桑树的营养积累、提高抗寒能力、增加翌年产量也有好处。由于许多地区常年严重秋旱，施肥要与抗旱结合进行，施肥不能过迟，以免新梢生长过嫩，冬季易受冻害。应控制秋季的速效氮肥施用量，兼顾磷肥、钾肥，多施复合肥为好。

冬肥，又称基础肥。在桑树落叶后将堆肥、厩肥、蚕沙以及其它土杂肥等迟效性肥料，结合桑园冬耕翻埋土中，以改良桑园土壤，提高肥力。冬肥对桑树整个生长和产叶量都有十分重要的作用。

2. 施肥量

每采摘 100 千克桑叶，土壤中就要消耗 2 千克氮、0.75 千克磷、1.13 千克钾。根据中国农业科学院蚕业研究所调查，在施肥方法得当的桑园里，单位面积的产叶量与施肥量大致成正比，而且丝茧育桑园所施肥料的氮、磷、钾比例应该约为 7 : 3 : 4。为满足桑树各生长时期营养需求，应坚持“追施春肥、重施夏肥、补施秋肥、足施冬肥”的施肥原则，春季占 20%~25%，夏季占 40%~50%，秋季占 10%~15%，冬季占 25%~30%。桑园肥料应以有机肥为主，过多地单施无机氮肥，虽然也可增加当季桑叶产量，但容易引起土壤板结，破坏土壤结构，降低土壤肥力。多种肥料混合在一起施用，肥料成分完全，效果好，但应注意有些肥料不能混合，如氨态氮化肥、人粪尿不能与草木灰混合施用；速效磷肥不能与碱性肥料混合施用，否则会降低肥效。在生产实践中，桑园肥料难以被桑树完全吸收，氮 、磷、钾利用率分别约为 60%、20%、35%。一般丰产桑园春季亩施尿素 30 千克、过磷酸钙 20~30 千克、氯化钾 10~12 千克，或亩施 15-15-15 型复合肥 100 千克、尿素 10 千克；夏季亩施尿素 50 千克、过磷酸钙 50~60 千克、氯化钾 20~25 千克，或亩施 15-15-15 型复合肥 120 千克、尿素 30 千克，并配合施用有机肥，分二次施入；秋季亩施 15-15-15 型复合肥 50 千克；冬季亩施厩肥 1500 千克。

3. 施肥方法

方法主要有沟施、穴施、环施、撒施等。开沟作穴的位置和深度，应根据肥料性质和桑树密度而定，一般稀植桑园若用速效性肥料，采用穴施或围桑树蔸四周开沟环施；密植桑园中用中、迟效性肥料，进行沟施或撒施后翻入土中。开沟作穴的位置，以树冠覆盖面的中间为宜，离桑树蔸部 30~50 厘米，施后盖土（图 2-25）。

图 2-25 桑园施肥（左为沟施，右为穴施）

专家指点：为了及时补充土壤消耗，满足桑树生长需求，其施肥时期与方法应根据桑树生长发育、土壤性质、肥料种类、养蚕用途、当地气候等条件来确定，使之能不断供给桑树生长发育不同阶段对不同种类与不同数量养分的需要，提高桑叶的产量和质量。在土壤肥力中等的桑园，每亩年产 100 千克蚕茧桑园应施氮 36 千克（相当于尿素 78.3 千克的含氮量）、P_2O_5 12 千克（相当于 85.6 千克 14% 过磷酸钙的含磷量）、K_2O 18 千克（相当于氯化钾 29.0 千克的含钾量），每亩年产 150 千克蚕茧桑园应施氮 58 千克（相当于尿素 126.1 千克的含氮量）、P_2O_5 18 千克（相当于 128.6 千克 14% 过磷酸钙的含磷量）、K_2O 29 千克（相当于氯化钾 46.8 千克的含钾量），典型缺磷、钾的桑园要适当另外补施。

4. 测土配方施肥

由于收获的桑叶以及修剪掉的枝条要带走大量的养分，长期仅靠土壤是不能满足桑树优质高产需求的，必须通过施肥来解决，但单位面积施肥种类、数量与比例往往是依据经验来决策的，缺乏针对性与准确性。目前，测土配方施肥技术可以做到精准施肥。其基本原理是当桑园的桑叶产量目标和质量目标确定后，就可以根据桑树生长发育的营养规律计算出桑树各阶段对各种养分需求的数量和比例，再通过测土来计算出桑园土壤能够供给桑树的养分，以判定桑树需肥与桑园土壤供肥之间是否存在矛盾。若土壤所供给的养分不能满足桑树的实际需求，其差额部分就通过施肥来补充，差什么补什么，差多少补多少，不差不补，力求养分平衡（图 2-26）。

图 2-26　桑园缺氮情况下的平衡施肥
（左边缺氮，右边正常）

5. 水肥一体化技术

水肥一体化技术是将配兑好的肥料液，借助压力灌溉系统，在灌溉的同时将肥料输送到桑树的根部土壤，适时适量地满足桑树对水分和养分需求的一种现代农业新技术。在桑树栽培中，肥和水的互作非常明显，灌溉能促进桑树对肥料更有效地吸收，同时施肥又能提高水分利用效率。桑树水肥一体的灌溉系统与施肥设备各有不同。施肥装置既有安装在灌溉系统的首部，也有安装在轮灌组入水口的；注肥装置有注肥泵、比例注肥器、文丘里注肥器和压差式施肥罐等多种类型。使用者应因地制宜选择合适的注肥装置和注肥的位置（图 2–27）。

图 2–27　桑园水肥一体化施肥（左边为水肥一体化首部，右边为水肥一体化田间）

（三）桑园除草

桑园除草应着重抓住以下三个环节，即春除发芽草，夏除黄梅草，秋除结子草，在杂草结子前清除干净。桑园除草方法可分为人工除草、机械除草、生态除草、化学除草。目前，化学除草因能减轻劳动强度，降低生产成本，应用最为普遍。在芽前桑园土壤处于湿润状态时，可用地表喷雾土壤处理剂，如 40% 乙莠粉（每包 100 克加水 30 千克，禾本科草、阔叶草）、96% 金都尔乳油（又名精—异丙甲草胺，25 毫升原药加 10 千克水，以禾本科草为主）等，这些药剂喷用时不能有明水；在杂草旺盛生长期，可用地表喷雾茎叶处理剂，如灭生性触杀型除草剂草铵膦（10 千克水加含量 18% 原药 80 毫升，有一定内吸）、灭生性内吸传导型除草剂草甘膦（10 千克水加含量 10% 原药 200 毫升）、灭生性内吸传导型除草剂农达乳油（10 千克水加含量为 41% 原药 50 毫升）、选择性内吸传导型除草剂盖草能（10 千克水加 10.8% 原药 100 毫升，禾本科草）、选择性内吸传导型除草剂葫芦净可溶性粉剂（10 千克水加 40% 原药 13 克，空心莲子草，又名水花生、革命草）等，这些除草剂喷于杂草茎叶进行除草，应掌握适时除草原则，喷雾时采用加装覆盖，不可喷及桑树树体，并须避免降雨前后或有露水使用，养蚕期间禁止使用化学除草剂，药具用完后应洗净，未使用过的除草剂要先试验，防止药害。稀释除草剂时，可向稀释液里适量添加表面活性剂，如洗衣粉、洗涤液，有利于吸收药液，提高防草效果。除草剂还可以科学合理混用，达到扩大杀草范围、增强除草效果、降低药害、节约除草成本、克服杂草抗性、缩短杀草时间、降低用药次数等目的。如早春和夏伐后桑树发芽前，根据天气预报，选择打药后有连续 2~3 日天晴的时期，采用农达 + 乙草胺（禾耐斯）混合喷雾，效果较好。

专家指点：采用地膜、地布、禾草或秸秆遮盖地面的覆盖免耕技术，全年可省去 4~5 次人工除草。它能保肥、保水，防止土壤板结；提高地温，促进桑树快速生长；还能减少泥叶，控制桑瘿蚊危害桑树、菌核子囊孢子危害桑果，提高桑叶、桑果产量和质量。其技术要点是，在早春与夏伐后结合施肥、打药及除草，按一定的方法覆盖桑园行间地面，也可在桑园翻耕、松土后进行。试验表明覆盖地布比覆盖地膜等效果更好（图 2-28）。

图 2-28　桑园覆膜（左为地膜，右为地布）

（四）耕耘

桑园耕耘是指对土壤进行翻耕与松土，可以创造良好的土壤环境，利于桑根生长吸收、土壤微生物活动、抑制病虫害、桑园除草以及抗旱保墒、阻止碱地返盐等。一般桑园 1 年可以耕耘 2~3 次，分为冬耕、春耕与夏耕，冬耕、夏耕更为普遍。

1. 冬耕

在桑树落叶休眠后，土壤封冻前进行。冬耕后，土壤在冻融作用下，风化程度较高，改善土壤结构效果显著；可较为明显地降低部分桑园越冬害虫、病菌的存活基数。冬耕宜深，少量断根，可促新根形成。一般耕地深度为 20 厘米左右，行中宜深，株边宜浅，免伤粗根。

2. 春耕

在春季桑树发芽前进行。可进一步改善耕作层的土壤结构，利于减少越冬杂草。春耕宜浅，深度为 10~13 厘米。

3. 夏耕

在桑树夏伐后进行。桑园土壤经过春季采叶等田间作业，土壤必然出现不同程度的板结，夏耕可更利于新根生长，并有助于除草。夏耕宜浅，深度为 10~13 厘米。

各次耕耘可以与桑园施肥、覆盖除草、化学除草等相结合，能减少耕作次数，省工、省时，节约中耕除草成本。

五、桑叶收获

（一）收获方法

收获桑叶，通常是按照蚕的发育程度，分期分批采用各龄的适熟叶。因各地气候条件，养蚕时期、次数和方法的不同，收获方法也有所区别。但基本方法有下列三种：

1. 摘片叶

采叶时应留部分叶柄。这种方法常用于稚蚕用叶和夏伐桑树的夏、秋蚕期桑叶收获，冬季重剪桑树春、夏、秋也基本用此法进行桑叶收获。夏伐桑树夏秋季生长的枝条是翌年春发芽长叶的基础，冬季重剪桑树生长枝条直接决定了全年各季桑叶产量。虽然摘叶留柄费工费时，但可保护腋芽与顶芽，不伤皮层，仍须坚持，严禁采用“捋叶”方法收获片叶。坚持采养结合，各季大蚕期从下往上采，夏伐桑树早秋用叶，在枝条顶部留叶 8~12 片，中秋则留叶 7~8 片，晚秋在枝条顶部至少留叶 5 片以上（图 2-29），冬季重剪桑树春、夏、秋采叶也应注意各季每枝顶部相应的留叶片数，以维持桑树的持续同化能力。

早秋采留 8~12 片　中秋季采留 7~8 片　晚秋季采留不少于 5 片　新栽桑树晚秋用桑留叶情况

图 2-29　夏秋季大蚕桑叶采摘顺序示意

2. 采芽叶

收获时将整个芽叶采下喂蚕。芽叶是生长芽（新梢）和止芯芽（三眼叶）的总称，包括叶片和青梗。夏伐及留芽收获的桑树，春蚕大蚕期采叶时多用此法。此法还用于春伐（含冬季重剪、湘南区域冬伐）、夏伐后的疏芽。采叶简便，工效高，桑叶不易萎凋。但在夏、秋蚕期，只能剪收或摘采，不能捋取，以免撕破皮层或损伤桑芽，影响下一季或翌年春叶产量。

3. 剪条叶

收获时连枝带叶剪伐，运回后捋叶喂蚕，或用条叶（梗、叶、条）直接喂蚕。夏伐桑树春季大蚕期条桑收获（图 2-30），春伐（含冬季重剪梢）与夏伐桑树晚秋季大蚕期条桑收获（9 月 25 日以后，不含湘南区域），湘南区域晚秋蚕最后一批大蚕期条桑收获，以及湘南区域冬伐桑树春蚕期、春伐（含冬季重剪梢）桑树夏蚕期与夏伐桑树秋蚕期疏条等均属此法。伐条收获工效高，条叶喂蚕省工，但对桑树生理影响较大。故在夏、秋季应用此法收获时，须及时除草施肥，且应选用耐伐品种；晚秋季应用此法收获时，还应注意伐条时间不应偏早，留枝顶端留叶 3~4 片，最好每株留 1 根生长枝条不伐条，以避免过多桑芽萌发。因晚秋期伐条收获是一年中第二次甚至第三次伐条，人为减少了冬至前桑树光合作用的营养积累，需更加注重足施冬肥，追施春肥，否则会影响桑树树势与翌年桑叶产量。

图 2-30　夏伐桑园春季条桑收获

专家指点：湖南省湘北、湘中、湘东区域春蚕大蚕期采用剪条叶养蚕，节省劳动力，并结合桑园夏伐一举两得。须指出的是，湘潭信达公司为了推广大蚕地面条桑育这一省力化饲育模式，连续多年试验了湖桑品种年伐条 2 次的条桑收获技术。即：第一次伐条在 5 月上旬，第二次伐条在 6 月底至 7 月初，省力效果凸显。但到 7 月底后就应停止继续伐条，以免越冬枝条木质化不充分。每次伐条后应加强水肥管理力度，以挽回因旺盛生长期伐条失去光合作用而造成的树势影响，防止桑树过早衰败。

（二）收获量

桑叶因收获方法的不同而有片叶、芽叶、条叶之分。习惯上所称的夏伐养成桑树的桑叶产量，多是以春蚕期芽叶量、夏蚕期疏芽叶量和秋蚕期片叶量的总和来计算的。由于条叶中的条、叶比率变动范围较大，故一般不用条叶量来表示桑叶产量。据调查，一般湖桑品种春蚕五龄期收获时，在条叶中枝条占 40%~45%，芽叶占 55%~60%；芽叶量中，青梗占 20%~25%，片叶占 75%~80%。100 千克条叶大约有片叶 45 千克。

专家指点：桑园单位面积的收获量，是计划饲养量的依据，既不能养过头蚕，又不能浪费桑叶。不管用哪种收获方法，都需要折算出片叶量来计划养蚕数量。

六、桑树修剪

（一）春伐

桑树春季发芽前进行伐条的称“春伐”。拳式养成的桑树从枝条基部或残留很少部分剪伐。伐条时要注意整护树型，做到新生条分布均匀，树干过高的要酌情降干。

专家指点：湖南省新栽桑园一般采用春伐方法，能促进桑树生长旺盛，快速成林。春伐桑的叶龄相差很大，成熟度显著不同，采叶必须按照春伐桑的生长特点进行。

（二）夏伐

夏伐是在春壮蚕期结合桑叶收获或桑叶收获后及时伐去枝条。夏伐后同化器官全部丧失，树液流失甚多，生理活动受到很大干扰，根毛枯落，初生细根大多死亡，夏伐后经 5~10 天，重新萌芽生长。夏伐时正值高温季节，在水肥充足的情况下，枝叶生长迅速。

专家指点：夏伐桑在春、秋季桑叶产量高，质量好，但对桑树生理影响很大。湖南省除了湘南区域可迟至7月上旬进行夏伐外，其它采取夏伐形式的区域则应在6月下旬前结束夏伐，越早越好，以使新生枝条有较长的生长时间，同时还应加强水肥管理。夏伐既抢时，又费力。目前推广的省力化桑剪有多种，同时还有一种伐粉一体机，可实现桑枝粉碎后直接还土（图2–31）。

图2–31　桑园夏伐（左为省力化桑剪，右为桑枝伐粉一体机）

（三）整枝与剪梢

整枝剪梢在桑树休眠期进行，整枝是为了修除桑树上的乱拳、枯桩、病虫害枝及细弱下垂枝，使树形整齐，树势强健，并清除潜伏越冬的病虫害。剪梢是剪去枝条不充实的尖端，使养分集中，防止冻害，减轻病虫害，提高发芽率，增加产叶量。湖桑枝条长度在1.7米以上的可剪去梢端1/4~1/3，1.3~1.7米的剪去1/5~1/4，1米长的剪去15~20厘米未木质化的嫩梢。实生桑和春季发芽率低的桑树品种，应进行重剪梢，可剪去枝条梢端1/2。

专家指点：为了方便春季采叶，夏伐桑园在冬季管理时推行水平剪梢方式（不包括湘南区域），一般仅剪留0.9~1.2米（图2–32）。通过降低留干高度，不仅能减轻采叶强度，而且还能增加桑叶产量。但如果桑树枝条本身不够长，则仅剪去嫩梢部分。

图 2-32　冬季水平剪梢

（四）疏芽与摘心

桑树春伐与夏伐后 5~15 天，休眠芽和潜伏芽争相萌发，必须待新芽长至 15~20 厘米时及时疏芽，才能使新梢分布均匀，养分集中，生长茁壮（图 2-33）。疏芽多少应根据留条计划而定，一般成林桑每亩应保持 8000 条左右。疏芽时不要撕破树皮，疏出的芽叶可以养蚕。

摘心是针对夏伐桑树，在春蚕期摘去其枝条上所生长新梢的嫩心。它可以抑制新梢继续生长，减少养分消耗，促使叶片增大增厚，成熟一致，提高叶量、叶质和桑叶的利用率。一般在用叶前 10~15 天的晴天进行，以摘去新梢鹊口嫩头为度，需要提早用叶或者春季雨水偏多、地下水位偏高时，可将桑树摘去开放的一叶，以促桑叶尽早成熟（图 2-34）。

图 2-33　桑树疏芽

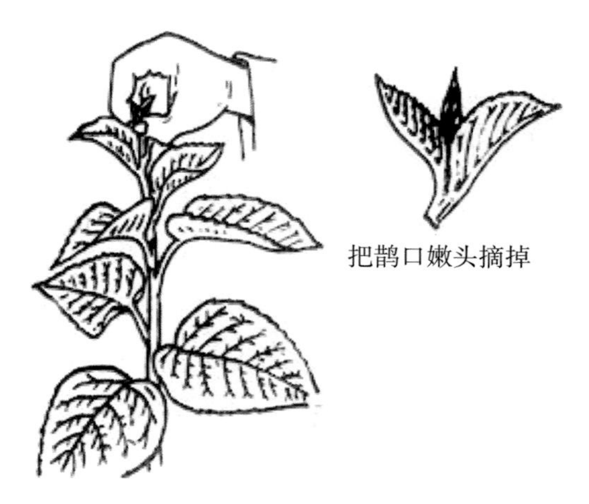

图 2-34　夏伐桑树的春蚕期桑树新梢摘心

专家提示：摘心技术还可灵活应用到条桑养蚕技术上，待夏伐桑树的新生枝长到 60~70 厘米进行摘心，摘去 1 叶 1 心，使其梢端多个腋芽萌发生长，供晚秋蚕用叶。桑树枝条中下部叶片供中秋蚕用叶，晚秋期留 3~4 叶剪伐枝条（图 2-35）。

图 2-35　夏伐新枝摘心促发二茬新枝
（左图为摘心后抽出新梢，右图为旺盛生长的桑枝条）

（五）冬季重剪

冬季重剪是有别于春伐、夏伐的一种桑树修剪形式。冬季桑树进入休眠期以后，在当年生枝条基部剪留较短桩头的剪伐形式，称为重剪。这种修枝整形在冬季进行，又叫“冬季重剪”，主要在春夏时节雨水较少的地区应用较广。近年来，湘西、怀化等部分区域在普及推广该项技术。对于土质肥沃，树龄青壮、树势较强、发条力强的桑树品种，重剪留枝长度稍长，一般为 7 厘米；相反，重剪留枝长度稍短，一般为 5 厘米，至少保留 3 个定芽。留下的壮条以树冠的中心枝条为基准，这一根枝条的留长长度应短一些，在留定芽的上方 1.0~1.2 厘米处，向相反的方向朝下剪成 45° 斜面，要求剪口平滑，不剪破枝皮。其余的壮条都以这一中心枝条高度为准，整个树冠剪成一个平面，形成“杯状平面”树形（图 2−36）。

专家指点：桑树冬季修剪技术就是要“看条下剪”。一看枝条种类，修剪之前应仔细观察决定桑叶产量的枝条数量、长短、粗细。对于不良枝，应从基部全部剪除，而对于壮条应全部留下。二看壮条多少，一般每根支干上留 2~3 枝壮条为宜。三看壮条的位置和方向，位置高的留条应短，位置低的留条宜长，留条应向四方开展，树冠齐一。四看发展趋势，在养型期间，壮条是将来支干的基础，在选留壮条的时候，应考虑留下的壮条今后作为支干的可能性。

图 2−36　冬季重剪桑树截短留桩示意图
（左图为连续截短留桩导致树干升高，角圈中为冬季截短留桩；
右图为大腰降干后新养成树型）

（六）冬夏二次剪伐

湖南地处华南蚕区与长江流域蚕区两个不同蚕桑生态区域过渡地带，特别是与两广紧邻的湘南区域光热条件十分优越，适宜养蚕季节比湖南其它区域要长 1 个月左右，以密植速成桑园与多批次养蚕为主，湖桑品种亩栽 1200~1500 株，杂交桑品种亩栽 3500~4000 株。湖桑品种春季发芽慢，秋季桑叶硬化落叶迟；杂交桑品种春季发芽快，秋季桑叶硬化落叶早。

目前所采取的桑树剪伐形式是冬伐与夏伐相结合的二次剪伐。即：第一年新栽湖桑品种待定一级支干的桑树（主干高 20~25 厘米），在冬至前后进行第 1 次冬伐，养成 2~3 个一级支干的低干树型（支干剪伐离地 30~35 厘米）；连续饲养 4~6 批蚕后，一般在 7 月上旬再进行 1 次夏伐，夏伐从枝条基部剪伐；每次伐条后的第 1 次桑叶收获时先疏除弱小枝条，每株留 6~9 根粗壮枝条；在下一轮冬伐时可按原冬伐处剪伐，也可适当提高 5 厘米剪伐，以加快冬芽萌发，提早春季养蚕时间，夏伐则在原剪伐处剪伐，逐渐养成树拳。湘南部分区域也有冬伐与夏伐均采取 20 厘米低刈的剪伐方法，但这需更高密度的桑树栽植与更高水平的水肥管理，不然产量低，树势衰败快。

对高密度栽植的成林杂交桑树则首先在冬季离地 30 厘米处剪伐，7 月上中旬在离地 10~15 厘米高度再进行 1 次夏季低刈，每次伐条后第 1 次桑叶收获时疏除弱小枝条，每株选取 2~3 根粗壮枝条留顶采片叶。

这种 1 年二次剪伐的桑叶收获方法是上半年壮枝摘叶留顶 8~10 片桑叶，夏伐条桑收获，下半年继续壮枝摘叶留顶 8~10 片桑叶。同时，必须加强桑园水肥管理，在足施冬肥、平衡施肥与中耕除草基础上，一般每 100 千克桑园收获就得补充施尿素 3 千克，在收获后 5~7 天施入，8 月下旬控制施用速效氮肥，改施复合肥、有机肥。

第三节　饲用桑园

一、饲料桑品种

蚕桑生产上的栽培桑品种都可作为禽畜和水产饲料桑品种，由于饲料桑一般都是条桑收获，因此宜选择生长整齐、长势旺、发条数多、耐剪伐、营养价值较高、有群体生长优势的品种。目前，在湖南栽植推广的饲料桑品种有粤桑 11 号、桂桑优 12、桂桑优 62 等杂交桑。

1. 粤桑 11 号

该品种为广东省农业科学院蚕业与农产品加工研究所育成。树形稍开展，群体整齐，枝条直，发条数多，再生能力强，耐剪伐。皮灰褐色，皮孔圆形、椭圆形或纺锤形，节间距 4.5~6.0 厘米。冬芽为长三角形，尖歪离，副芽多。2/5 叶序，叶心脏形或长心形，叶片平伸或稍下垂，叶面粗糙有波皱，叶色翠绿，光泽较弱，叶尖长尾状，叶缘钝齿或乳头齿状，顶芽壮，黄绿色。发芽早，叶片成熟早，秋叶硬化偏早（图 2−37）。掌握适熟偏嫩收获，每隔 40 天左右条桑收获一次，易受微型害虫如桑蓟马、桑粉虱等侵害，应多施有机肥，保持桑园通风，排除积水。

图 2−37　桑树品种“粤桑 11 号”

2. 桂桑优 12

该品种为广西壮族自治区蚕业技术推广总站育成。群体表现整齐，树形高大、枝态直立、发条较多，枝条较高、细长、皮色青灰褐色，节间距约为 3.7 厘米、1/3 叶序，皮孔较圆、较小、中密。冬芽长三角形或正三角形，芽色灰棕，着生状为贴生尖离，有副芽但不很多。叶形为全叶长心形、极少裂叶，叶色深绿，较平展，叶尖为尾状、大多较长，叶缘齿为乳头齿、中等大小，叶面光滑、无皱、光泽较强，叶多为上斜着生，叶柄较细短，叶基直线至浅心状，叶片大而厚。新梢顶端芽及幼叶多为淡棕绿色，植株开雌花和开雄花约各半。有较明显的冬眠期，生长期长（图 2–38）。掌握适熟偏嫩收获，每隔 40 天左右条桑收获一次，增施有机肥、及时追肥，促进枝繁叶茂，发挥丰产性能。条桑收获要保持桑园肥水充足，使枝叶生长旺盛。

图 2–38　桑树品种“桂桑优 12”

3. 桂桑优 62

该品种为广西壮族自治区蚕业技术推广总站育成。植株群体表现整齐。树形高大、枝态直立、发条较多，枝条较高、细长、较直、皮色青灰褐色，节间距为 3.5~4.2 厘米、2/5 叶序，皮孔椭圆、较小、中密，冬芽正三角形、色灰棕、着生状为尖离、有副芽但不多。叶形为全叶阔心形极少裂叶，叶色翠绿，较平展，叶尖多为双头，叶缘齿为乳头齿、中等大小。叶面光滑、无皱或微皱、光泽较强。叶着生态多为上斜，叶柄较细短、叶基直线和浅心状。叶片大而厚。新梢顶端芽及幼叶色淡翠绿，植株开雌花的多于开雄花的。有较明显的冬眠期，生长期长（图 2–39）。生长势旺、长叶较快，再生能力强、耐剪伐，耐旱耐高

图 2–39　桑树品种“桂桑优 62”

温，对花叶病有一定的抗性，适应性强。掌握适熟偏嫩收获，每隔 40 天左右条桑收获一次，增施有机肥、及时追肥，促进枝繁叶茂，发挥丰产性能。条桑收获要保持桑园肥水充足，使枝叶生长旺盛。

二、饲料桑种植

（一）种植地选择

饲料桑栽植密度大，收割次数多，每次收割桑枝叶中不仅有片叶，还有占生物量 40%~48% 的嫩枝，均会同时从土壤中带走大量的营养元素，特别是每次收割后会有 5~10 天桑园失去光合作用，或光合作用很弱，为促使新发桑芽快速生长，维持桑树旺盛生长势，就必须建立高标准饲用桑园，为实现高水平水肥管理创造条件。建园选址时最好选择地势平缓、土层深厚、有机质含量高、保水保肥力强、排灌方便的地块建园。为了方便规模化管理与机械收割，建园必须集中连片。丘陵山地坡度应控制在 25° 以下。

（二）道路与排灌系统的设置

饲料桑建园应首先设置道路运输系统，以方便收割机的进出、桑叶与肥料的运输。100 亩以上连片桑园主干道宽度不小于 3 米，并提前建设好各区块之间的收割机行走的连接辅道，落差大的田块应整理成缓坡。

合理设置排灌系统，做到雨后桑园不积水，夏秋季干旱时能及时引水灌溉。排灌系统的设置应与道路系统相配套，可在道路两侧建造排灌沟渠，在特定地段设置涵洞，使全园排灌系统相互连通。灌溉系统也可采用喷灌或滴灌。

（三）栽植时期

桑树栽植一般在桑苗落叶后至翌春发芽前进行，湖南地区最适宜时期为 12 月下旬至翌年 3 月下旬，宜早不宜迟，过迟往往因气温升高，桑芽萌动，根系又未与土壤紧密结合，影响桑苗成活率。

（四）栽植前的准备

为了改善饲料桑园的土壤结构，方便施足底肥，就需按行距开挖栽植沟。开挖之前，必须对建园地块进行连片平整，特别是对坡度偏大的丘陵山地实行坡改梯，对地势较低的水田开沟沥水。一般每亩施 1500 千克以上的腐熟有机肥，然后覆土，覆土高度以略高于地面为宜，以便栽植时易于对准栽植沟。为防桑园雨后积水，应根据田块大小开“十字”或“#字”形畦沟，并与排灌系统相连通。

（五）饲料桑栽植

栽植密度：5500~6500 株/亩，具体行株距见表 2-2，以及图 2-40 至图 2-42。

表 2-2　几种栽植密度的株行距配置方式

栽植密度/株·亩	宽行密株		宽窄行		
	行距/厘米	株距/厘米	行距/厘米		株距/厘米
			宽行	窄行	
5500	40	30	50	30	30
6500	40	25	50	30	25
	35	30	50	30（4 行）	30

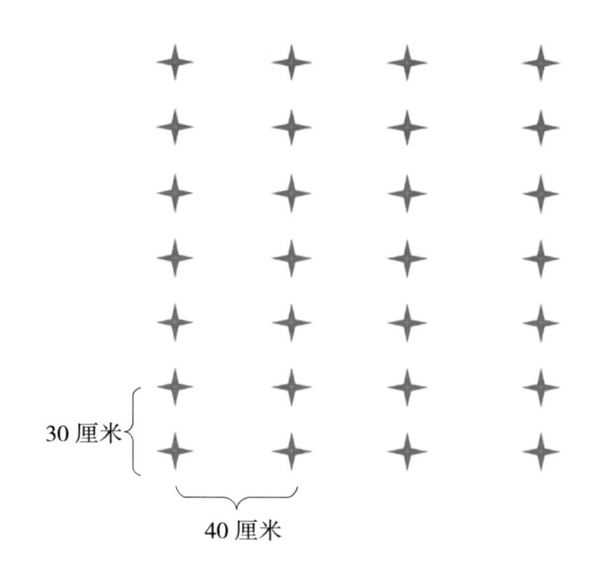

图 2-40　5500 株/亩宽行密株栽植形式

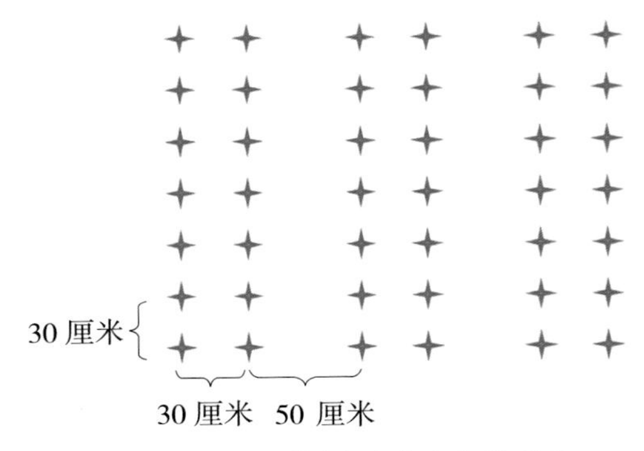

图 2-41　5500 株/亩宽窄行栽植形式

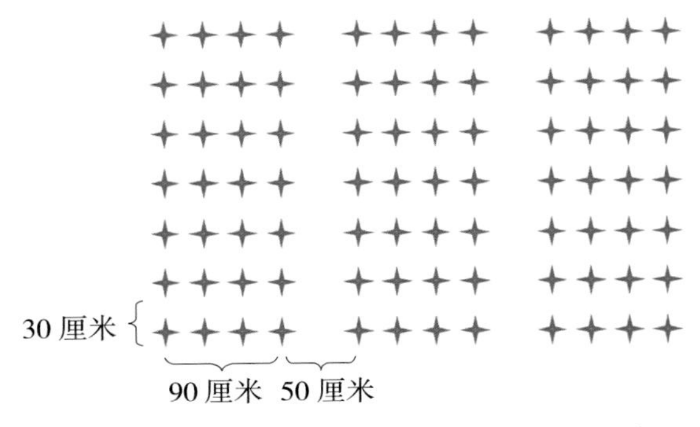

图 2-42　6500 株/亩宽窄行栽植形式（起垄）

栽植方法：饲料桑栽植密度大，苗小，主要以穴栽为主，深度以覆土盖过青颈部约 2 厘米为宜，并踩踏覆土使苗根接触土壤，栽植当天淋定根水，以后保持土壤湿润。栽植 5~7 天后在距地面约 2 厘米处剪留苗干，使发壮芽。

（六）桑园管理

（1）除草　新植桑园行间空旷，杂草生长旺盛，使用地膜、禾草、秸秆等材料覆盖行间可有效控制杂草，同时起到保湿作用。针对桑园不同杂草类型喷洒对桑树无毒害或毒害轻的除草剂，投产桑园在每次收割桑枝后，桑行露空使杂草得以生长，因此，在收割桑枝后的 5 天内，新芽萌发之前喷洒 1 次 120 倍保试达（主要成分为 18% 的草铵膦），对桑园进行全面防草。如使用其它除草剂，应先进行小面积试验，确保安全后才能大面积使用。

（2）施肥　新建桑园当桑叶偏黄时，应及时施肥，主要以速效肥尿素为主，少量多次施用，雨后每亩施 5 千克为宜。养殖场周围的投产桑园，以施腐熟畜禽粪（或沼渣、沼液）为主，结合种养平衡，减少向外排放，促进畜禽粪的循环利用。达不到种养平衡的桑园，在每次伐条收获后 5~7 天需追施复合肥与氮肥，秋冬季则足施有机肥。

专家提示：为了解决畜禽养殖过程中易导致面源污染的问题，湖南桑叶加农业科技有限公司与宁乡县大龙科技有限公司合作，在宁乡老粮仓建立了“桑叶养猪、粪便发酵、沼气供暖、熟粪肥桑”的桑叶花猪循环种养示范基地（图 2–43）。

图 2–43　宁乡老粮仓循环种养基地（左为空中照，右为地面照）

（3）排灌　在夏秋干旱季节，要注意及时灌水，保持土壤湿润，促进桑苗生长。在多雨季节，应注意疏通排水沟，保持桑园不积水。

（4）病虫害防治　坚持“预防为主，综合防治”的病虫害防治原则，改善桑园生态环境，加强栽培管理，及时收获，以减少病虫害的发生。应在病虫害发生初期及时用药，选用高效、低毒、低残留的农药，并严格按照其使用方法使用，不可随意加大药液浓度，在农药残效期内不能收获。

（5）冬伐　每年冬至前后进行冬伐。

三、机械化采收

桑枝叶的采收不仅关系到生物产量、盛产期长短，而且影响加工后桑饲料的品质。因此，合理采收具有特别重要的意义。

（一）采收时期

新建桑园当桑树长高到 1.2 米左右，底部主干已木质化时进行首次收割，有利于提高桑树发芽、分蘖能力，避免机械收割时将桑树连根带出。其后当新梢尚未木质化，长度为 60~80 厘米时收获，此时新梢底层几乎不见黄叶。从第 2 年起，每年收割次数一般为 4 次，大约在 5 月上中旬、6 月下旬、7 月底至 8 月上旬、9 月中下旬进行多次收获。5 月下旬至 8 月下旬桑树生长旺盛，每次收获间隔时间偏短，为 40 天左右；其它时间生长相对较慢，收获间隔时间偏长，为 45 天左右，在冬季落叶之前的一次冬伐产量较低。在光热条件优越区域且其水肥充足的饲料桑园收获时间早，次数多，产量高，质量好。

（二）收割方式

除草机收割：不成片桑园可以用背负式除草机收割或人工用镰刀收割。此方式可灵活机动，不受田块限制，但人工劳动强度偏大，作业效率较低（图 2-44）。

图 2-44　饲料桑非农用机械收割（左为除草机收割，右为人工收获）

手扶收割打捆一体机：可同时进行收割、打捆，大大降低了人工作业强度，适合于连片桑园收割，但仍需进一步粉碎（图 2-45）。收割留茬高度离地 10~15 厘米，有利于多萌发成枝，提高饲料桑产量。

收粉一体机收割：适合集中连片桑园的收割，收割与粉碎一步到位，作业效率高，每天可收割 40 亩左右。但收割机在桑园内转弯或调头时会对操控地块的部分桑苗带来损伤，故对收割机和拖拉机的行走路线要在前期建园时进行规划（图 2–46）。目前，湖南省主要机械收割机型的留茬高度离地 5~10 厘米，留茬高度偏矮，对下茬发芽生长有一定影响。

图 2–45　饲料桑手扶收割打捆一体机

图 2–46　饲料桑收粉一体机（湖南省蚕桑科学研究所与益阳创辉农机公司联合研发）

第四节　果用桑园

果桑，是以结果为主，果叶兼用桑树的统称。桑果既可鲜食，又可加工成果汁、果酒、果酱、果醋、蜜饯等，产业化开发前景广阔。但传统的桑树品种是以采叶养蚕为目的培育而成的，不结桑果或结果较小，不能形成规模化产业化生产。目前不少育种单位不断开发育种新技术，加大对果桑资源的实用化改造力度，选育出了一系列果形大、产果量高的果桑品种，并在多个区域得到了规模化推广。

一、新建果桑园

（一）果桑品种

1. 大 10

“大 10”为广东省三倍体优良果桑品种。树形开展，发条数一般，枝条质松易弯曲，节间距 4.3 厘米，有副芽，叶片比较大。花芽率 98.0% 以上，

图 2-47　果桑品种“大 10”

单芽着果数 5~6 个，成熟果紫黑色，圆筒形，果长 3.0~3.5 厘米，果径 1.3~1.5 厘米，单果重 3.0 克左右，最大 8.0 克。籽粒很少。汁多，果味酸甜清爽，非常可口，鲜食味佳。含总糖 14.87%，总酸 0.82%，可溶性固形物含量 14%~21%。初花期 3 月初，果熟期 4 月下旬，比一般品种早熟 7~10 天，果期 15~20 天，每亩产鲜果 1500 千克，产桑叶 1500 千克。耐寒性差，宜养成中高干拳式树型（图 2-47）。

2. 白玉王

图 2-48　果桑品种“白玉王”

“白玉王”为西北农林科技大学蚕桑丝绸研究所诱变育成的四倍体优良果桑品种。树形较开展，发条数多，枝条短、直，节间距 3.7 厘米，叶片中等大小。花芽率 96.0%，坐果率 80.0%，单芽着果数 5~7 个，成熟果乳白带紫色，果长 2.6~3.0 厘米，果径 1.3 厘米，长筒形，单果重 2.5~3.0 克，最大果重 6.0 克。含糖量 14% 以上，甜味浓，无酸味，非常爽口。鲜果出汁率 50.0%，果汁乳白色。初花期 3 月中下旬，果熟期 5 月上中旬，果期 20 天左右，每亩产鲜果 1200 千克，产桑叶 1300 千克。适应性强，耐旱性、耐寒性较强，较抗桑葚菌核病，是一个大果型白葚品种，桑果适合鲜食，也可加工。宜养成中高干拳式树型（图 2-48）。

3. 台湾长果桑

台湾长果桑又名超级果桑、秀美果桑，台湾新引进品种。果形细长，果长 10.0~16.0 厘米，果径 0.5~0.9 厘米，单果重 8.0~10.0 克，最大果重可达 20.0 克，成熟果紫黑偏红色，外观漂亮，口感好，糖度高，含糖量 18.0%~20.0%，甘甜无酸，亩产 1500 千克以上，春果成熟期 5 月上中旬。但果实不耐贮运，枝条容易遭受冻害，会严重影响长果桑自然生长，北方寒冷地区不适宜栽培，抗病性一般，抗旱性较差，需大肥大水，并应在春季采取控制营养生长的管理措施，以防桑果掉落。最好选用设施大棚栽植（图 2−49）。

图 2−49　果桑品种“台湾长果桑”

4. 台湾果桑

台湾新引进品种。果长 2.5~3.2 厘米，果径 1.5~1.6 厘米，果重 3.5~4.8 克，果卵圆形。单芽着果数 5~6 个，味酸甜，成熟果紫黑微红色，亩产 1500 千克。果桑在自然状态下，一般一年只有春季能采收桑果，而台湾果桑除了休眠期外，从春季到初霜冻前均可采摘。以春季产量最大，成熟期在长江流域为 4 月底到 5 月中下旬，其它季节的产量只有春季的 10%~20%。宜养成中高干拳式树型（图 2−50）。

图 2−50　果桑品种“台湾果桑”

5. 云桑 2 号

“云桑 2 号”为云南省农业科学院蚕桑蜜蜂研究所培育而成的果叶两用型桑树品种，属白桑种，二倍体，在云南、四川等地广泛栽植。树形稍开展，枝条中粗，长而直，皮灰青色，节间距 4.3 厘米，冬芽长三角形，赤褐色，尖离，副芽小而少。雌花，葚较多，中大，紫黑色。亩产鲜桑果

1000~1500 千克。其花芽率 94.0%，坐果率 78.0%，单芽着果数 2~5 个，成熟果紫黑色，果长 2.9~3.2 厘米，果径 1.5~1.9 厘米，长筒形，单果重 3~3.5 克，最大果重 6.0 克。桑果出汁率达 68.5%，相对普通品种耐储运，口感爽口，微酸。云桑 2 号耐剪伐，抗旱、耐寒性中等，宜养成中高干拳式树型。适宜于长江流域海拔 2000 米以下地区栽植（图 2−51）。

图 2−51　果桑品种“云桑 2 号”

6. 嘉陵 30 号

“嘉陵 30 号”为西南大学选育而成的四倍体果叶兼用品种。树形开展，枝条长而直，发条数多，皮灰青色，节间密。开雄花，葚多，紫黑色。果长约 4.0 厘米，果径约 1.5 厘米，单果重 4.5 克左右，果形圆筒形，果肉肥厚。单芽平均坐果数 4 个，少籽。发芽率 85% 以上，发芽整齐。桑果还原性糖含量 7.03%，果汁酸度为 2.66%，出汁率 59.5%，果熟期在 5 月中上旬，桑果产量 800 千克左右，中高干树型养成均可（图 2−52）。

图 2−52　果桑品种“嘉陵 30 号”

（二）苗木准备

选栽大小一致、根系发达、苗干粗壮、无病虫害的果桑苗。

（三）果桑园建立

从稳产高产角度考虑，最好是选择有机质丰富、保水保肥力强、排灌方便的土壤建园，pH 值 6.0~7.5。种植地必须无工业“三废”及农业、城镇生活、医疗废弃物等污染，种植地的灌溉水、大气、土壤必须符合农业部颁布的农业标准《NY/T 5010—2016 无公害农产品　种植业产地环境条件》的相关规定。在种植地规划中应做好土地平整工作，使桑园能排能灌和适应机械化操作，并建立好道路系统，使果园主路贯通全园，并与公路连接，支路与小路相互连通，便于运输与行人（图 2-53）。

图 2-53　新建标准果桑园

栽桑前除草、翻耕、平整。以栽植行距宽度，按南北向或依地势，开宽 40 厘米，深 40~50 厘米的栽植沟，每亩施入人畜粪、腐熟厩肥等有机肥 1500 千克以上，再覆盖厚 10 厘米的细土（图 2-54）。

栽植沟中施底肥　覆盖细土　栽植示意图

图 2-54　果桑栽植

二、果桑栽植

（一）栽植时期

一般在桑苗落叶至土壤封冻前（冬栽）、土壤解冻至桑苗发芽前（春栽）栽植。以冬栽为好。

（二）栽植密度

栽植密度首先应该根据桑果用途来区分，以休闲采摘为主，则应稀栽，以加工为主，则应密栽；其次是根据品种和土壤条件而定，树形开展的品种宜稀植，较肥沃地块宜稀植。在湖南以休闲采摘为主的果园以每亩栽 90~150 株为宜，行距 3~4 米（表 2–3）；以加工为主的果园以每亩栽 250~350 株为宜，行距不低于 2.2 米。其中均匀栽植 3%~5% 的雄花授粉桑树（图 2–55）。

图 2–55　雄花授粉桑树

表 2–3　休闲采摘用果桑园群体结构

树型	每亩株数/株	树干结构				单株留拳/个	单株留条数/根	每亩留条数/根
		主干高度/厘米	支干层数	支干长度/厘米	总高度/厘米			
中干桑	130~150	55~60	1	35~40	90~100	4~5	15~25	2800~3000
高干桑	90~110	65~75	2	25~30	120~130	6~9	25~35	2800~3000

注：高干桑一级支干 30 厘米，二级支干 25 厘米；留条数为翌年坐果枝的数量，果枝长 140~160 厘米。大棚栽植密度更稀，以 70~90 株/亩为宜。为了控制夏伐后一年生枝条生长过高，可进行摘心或剪梢处理。目前，主要技术手段有两种：一是夏伐后待新梢长至 10~15 厘米时每拳上疏留 2~3 芽，7 月上中旬新梢长至 50~70 厘米时，在基部剪留 20~30 厘米，待再次萌发的新芽长至 10~15 厘米时，选留 2~3 芽培育成更多坐果枝条（主要适用于中干树型），其优点是新发枝条数可按预期选留，枝条木质化程度高，冬芽充实饱满；二是夏伐后待新梢长至 10~15 厘米时每拳上疏留 3~4 芽，7 月底在新梢离地 2.2~2.3 米时进行摘心或剪梢（主要适用于高干树型），促发新芽，培育成更多坐果枝条，其优点是相当于提高了支干高度，可确保翌年坐果枝条即使下垂，仍有足够的采摘活动空间。无论何种技术方法，均要求翌年在原夏伐处继续夏伐。

（三）栽植方法

基肥上面覆盖10厘米细土后定植桑苗，再壅土踏实，根颈埋入土中不超过6厘米，壅土稍高于地面。定植时要拉线定点，株行整齐，株距相等，深浅一致。栽植当天淋定根水，以后保持土壤湿润。栽植5~7天后剪低苗干，使发壮芽。

三、树型养成

（一）休闲采摘用果桑中干树型养成

第1年：定植后，在距地面约2厘米处剪去苗干，使发壮芽，培养1根粗壮枝条作为主干；待主干长至80~90厘米时，在距离地面55~60厘米处剪去，剪口平滑成45度角，形成主干；当主干上萌发新芽达10~15厘米长时，疏芽选留4~5个分布合理的壮芽，培养成一级支干（图2-56）。

图2-56　栽植第1年中干果桑秋冬季的生长状况

第2年：春季采果后，距离地面90~100厘米对一级支干夏伐定干。以后每年在此剪伐处夏伐成拳。当每个支干上新芽长至10~15厘米时，疏芽选留3~5根坐果枝条，其余下垂、重复的枝条予以疏掉（图2-57）。

图 2-57　果桑中干树型养成（左为中干桑夏伐，右为娄底八里香桑果基地）

（二）休闲采摘用果桑高干树型养成

第 1 年：定植后，在距地面约 2 厘米处剪去苗干，使发壮芽，培养 1 枝作为主干；待主干长至 80~90 厘米时，在距离地面 65~75 厘米处剪去，剪口平滑成 45 度角，形成主干；当主干上萌发新芽长至 10~15 厘米时，疏芽选留 2~3 个分布合理的壮芽，培养成一级支干。

第 2 年：春季采果后，距离地面 95~105 厘米对一级支干夏伐定干，待枝条长成 10~15 厘米时，疏芽选留 2~3 个分布合理的壮芽，培养成二级支干；至 7 月上中旬，在距离地面 120~130 厘米对二级支干定干，当二级支干萌发新芽长至 10~15 厘米时，疏掉下垂、重复的枝条，留下分布合理的 3~5 个壮芽培养为翌年的坐果枝。以后每年在二级支干剪伐处夏伐成拳（图 2-58）。

图 2-58　果桑高干树型养成（左为高干果桑秋季生长状况，右为高干果桑冬季桑园状况）

（三）加工用果桑中干树型养成

相对于休闲采摘用果桑树型养成，只是密度稍大，树型略矮，亩桑坐果留条数稍多，其养成步骤是一致的。每株桑树培养 1 个主干和 2~3 个第一级支干，每个第一级支干上培养 2~3 个第二级支干。主干高 45~50 厘米，第一级支干长 20~25 厘米，第二级支干长 15~20 厘米。在各级支干定干时应选留粗壮枝条并注意分布均匀，形成向四周舒展的树型。树型培养期间要及时疏去主干和第一级支干上多余的枝条，从第二级支干长出的枝条为坐果枝条，单株坐果枝条数控制在 12~18 根，每亩 4000~4500 根，单根枝条 1.3~1.6 米（图 2-59）。

图 2-59　加工用果桑中干树型（左为第 3 年夏伐定干，右为养成后树型）

专家指点：果桑养成树型的选择与利用方式、品种、水肥、土壤等因素紧密相关。同时，栽植密度也与支干级数相互关联，以最终成林后坐果留条总数或留条总长基本不变为原则，灵活掌握，栽植密度大了，养成支干级数就少，每级支干留枝数量也应随之减少，反之亦然。每一个定拳壮枝数量一般不超过 5 根，每株果桑留壮枝数量一般控制在 35 根以内。所留枝条过多会细长交叉，单位条长坐果数减少，落果增多，产量没有增加，可溶性固形物含量反而降低，品质下降。

四、果桑园管理

（一）桑园施肥

1. 施肥原则

按《NY/T496 肥料合理使用准则　通则》执行。以有机肥为主，无机肥为辅。不能施用工业废弃物、城市垃圾及污泥；不能施用未经发酵腐熟、未达无公害化处理和重金属超标的有机肥料。

2. 施肥量及施肥时期

施肥量和施肥次数根据土壤质地及其肥力和桑树生长情况适当调整，一般分 4 个时期施肥。施肥时在离桑树主干约 20 厘米处开施肥穴，施肥后覆土。催芽肥：在桑树冬芽萌发脱苞至雀口期施入，具有催芽壮芽壮果作用，一般每亩施复合肥 40~50 千克，钾肥 10 千克。发枝肥：在收获桑葚伐条后 5~7 天施入，促进新枝发出，每亩施氮肥 7.5~10 千克，复合肥 40~50 千克。花芽分化肥：在 7 月中下旬施入，促进枝条成熟，花芽分化，每亩施有机肥（畜禽粪、堆沤肥、土杂肥等）500 千克以上，加磷、钾肥各 15~20 千克，也可每亩单施复合肥 80 千克。冬肥：在桑树进入休眠期后施入，作为桑树来年生长发育的基肥，以重施有机肥为主，一般在农历冬至前后 10 天施入，每亩施有机肥 1500~2000 千克。另外，初花期和幼果期用 0.3% 的磷酸二氢钾溶液进行连续根外追肥，可以提高桑葚的含糖量，促进早熟，使桑葚果大色艳，稳产增产。

（二）桑园抗旱与排水

果桑在春季萌芽期、幼果期、果实膨大期及夏伐后的萌芽期要有足够的水分，遇干旱时应及时灌水，但在花期要注意适当控水以防桑葚菌核病的发生，采果前 7~10 天宜停止灌水。桑树进入休眠期后不用补充水分。雨水量多的季节，要及时排除桑园内积水，防止桑树烂根。

（三）桑园除草

在新植桑园的桑树未成园前，杂草生长旺盛，采用覆盖法可有效控制杂草的生长。在 1 月上中旬使用地布、地膜、禾草、秸秆等材料覆盖地面不仅减少杂草的生长，还有提早桑果成熟期的趋势。成林桑园桑树初花期前也应采取此法除草，有利于桑葚菌核病的防治（图 2-60），以地布为最佳。

图 2-60　覆盖法控制果桑园杂草生长（左为覆膜，右为覆秸秆）

五、果桑的修剪整形

整形修剪方法：秋冬季剪梢、疏剪、整枝修拳，春夏季摘心、夏伐、疏芽。

（1）剪梢　12 月中下旬至 1 月上旬，剪去一年生枝条的顶端部分，促使中下部枝条花芽分化充分，不影响桑果产量（图 2-61）。

图 2-61　人工剪梢（剪除未木质化的嫩梢部分）

（2）疏剪　冬剪时疏除多余、过密和病虫危害枝。调节局部枝条的生长势，改善树冠内的透光条件，集中养分，提高结果质量。

（3）整枝修拳　冬季疏剪后用绳或稻草束枝。能矫正枝条姿势，防止雪折、风吹摩擦，减轻冻害，减少虫害，便于冬耕、施肥等作业。春天桑树发芽前解束。修去枯桩、枯枝、死拳，修拳锯口要光滑平整，紧贴拳、枝基部。

（4）摘心　4月上中旬，待新抽出枝条开7片左右桑叶时进行摘心，有抑制新梢旺长、促进生殖生长、提高坐果率和减少生理落果的作用（图2−62）。

（5）夏伐　桑果采收结束后，按照拳式或无拳式方法，将一年生枝条全部剪伐。时间越早越好。

（6）疏芽　夏伐后新条长15~20厘米时进行疏芽，疏除细弱枝、下垂枝、病虫枝、过密枝和主干下部萌发枝条，每根支干最多保留5根枝条（图2−63）。

图2−62　摘心（剪掉新梢顶端部分）

图2−63　疏芽

（7）果桑的树型改造　近些年来，果桑产业作为一个新兴产业发展迅速，特别是休闲采摘的果桑园扩展迅猛，而各地果桑栽植方式往往参照传统的叶用桑树栽植密度与树型养成方式。这导致了树型偏矮，栽植密度过大，需对现有树型改造与栽植密度调整。其改造的主要方法是：在冬春季节以一定间距抽株或抽行，以达宽行疏株要求。留下果桑树按目的高度对主干或支干重新定干，培养新支干，养成新树型；抽取的果桑树准备在新地栽植，剪伐桑枝时应剪留 1~2 个定芽，以利新芽快速萌发与树势恢复（图 2-64）。为了保持翌年产量的平稳性，可以在当年将准备留下的果桑树首先夏伐提干，准备抽取的果桑树按原方法继续夏伐，在翌年春季桑果采摘后或冬季移栽。为了提高存活率，必须带土移栽，保水保肥。

图 2-64　果桑树型改造的方法（左为间株提高果桑主干，右为提高果桑支干）

六、果桑的大棚栽植

利用大棚栽植果桑不仅避霜害，采摘期一般可提早 12~25 天，而且相对露天栽培，单果重量与单位面积产量均可提高 15% 以上。无论晴天还是雨天，均可遮阳避雨采摘，桑果也不受雨水影响，含糖率稳定，口感好，不易损失。桑园病虫害防治也基本不受天气影响。因此，大棚栽植具有上市早、采摘方便、产量高、质量优、价格好、效益突出的特点。标准大棚一般采用钢架结构，由镀锌管棚架、塑料膜、尼龙绳等几部分组成，大棚的中心高 4.5 米，不低于 3.8 米，肩高 3.5 米，不低于 2.8 米，棚高、棚长与棚宽可根据果桑养成树型、栽植行距配置、栽培面积等具体要求进行统筹设计（图 2-65）。其技术要求是：

图 2-65　果桑大棚栽植内景（南昌凤凰沟）

1. 适期覆膜

要让桑树通过自然休眠期，须满足其低温感受量。一般应掌握在果桑冬季落叶 20~25 天进行，基本满足其 30~40 天的低温感受量和 10~15 天的自然休眠期。湖南大棚覆膜适期为 1 月下旬至 2 月初，此时外温可达 5~8℃，棚内日温可达 15~20℃。如覆膜时间提早至 1 月上中旬，受害于 2 月份雨雪冰冻的风险增大，2 月中下旬覆膜会不同程度地影响桑果上市时间。但从 1 月初开始，如出现连续偏高温的暖冬天气，桑芽鳞片松开而渐露青，则应提前覆膜。覆膜时间还受大棚保温性能高低影响，低则应适当推迟覆膜时间，高则可适当提前，至于桑果成熟时间还可通过花期、果期温度高低来调节。

2. 调控温湿度

建设大棚的主要目的是通过人造高温环境使桑果成熟期提早，因此大棚内温湿度调节与控制是影响大棚栽培试验能否成功的关键之一。大棚在覆膜前要浇 1 次透地水，以保证桑树正常的水分需求与大棚内的湿度要求。在大棚果桑生长发育过程中，对大棚温湿度的要求是不断变化的。果桑萌芽前，大棚内相对湿度一般应保持在 80%~85%；开花期要主动降低棚内的相对湿度，一般控制在 55%~60%；谢花后至果实膨大期则要适当提高棚内的相对湿度，一般控制在 80%~85%，注意桑果膨大期的灌水，桑果着色期保持在 75%~80%。与此同时，大棚温度也应随果桑生长逐步升温。开始升温时，白天棚内温度一般维持在 15~18℃，最高不超过 25℃，夜间温度应在 6~10℃；整个花期白天温度应控制在 23~27℃，但夜间温度应在 10~15℃，并防止夜间温度过低导致冻害；开始显露果穗时，大棚内适宜温度为白天 26~28℃，最高不超过 32℃，夜间 15~18℃，加大昼夜温差，提高果实含糖量。当外温高于 10℃时每天白天应打开南北卷膜短时间通风排湿；当棚内温度达 28~30℃时，加强通风降温；当棚内温度达 32℃以上时，应升起四面卷膜强制通风降温。如果覆膜时间较晚，需通过更高温度调控来确保桑果成熟时间，则控制花期温度为 30℃左右，果期温度为 32℃左右。但花期不能超过 32℃，果期不能超过 35℃，且更应加强每天各时段通风降温措施的管控。

3. 合理稀植

大棚栽培相比露地栽培光照不足，栽植密度可适当偏稀，一般将种植密度控制在 70~90 株/亩，养成高干树型。尽力改善通风透光条件，促进光合物质积累，提高坐果率，增大果形，以求高产、稳产与优质。

4. 预防落果

预防落果，提高果桑坐果率，应做到：首先，要适时覆膜，如覆膜升温偏早，果桑萌芽会不整齐，萌芽期延长，坐果率低；其次，防止棚内温度过高，特别是要通过花期的气温管理分别达到白天与夜间目标温度，以确保提早开花的同时，又能保证花器发育质量，提高果桑坐果率；第三，防止因枝叶

图 2-66　剪掉新梢的一部分

徒长而引起大量落果，待春季抽出的新梢长至有6~7片开叶时就摘心，如中后期营养生长依旧过旺，还可适当剪去部分新梢（图2-66），基本摘除果枝自下而上最后一个坐果点的上部嫩叶；第四，在氮、磷、钾配合施肥的同时，加强根外追肥。在桑果膨大期每亩施钾肥20千克，同时用0.3%磷酸二氢钾根外追肥2~3次，最好在傍晚喷施。

5. 防霜避冻

一般露天气温低于-4℃，大棚温度低于-1℃，果桑就会出现冻害。而湖南各地早春冷空气活动频繁，倒春寒会时有来袭。此时果桑在棚内生长发育较快，极易受冻而减产，因此要积极做好防冻措施。首先，气温下降时可在棚外覆盖草帘等保温；其次，在棚内种植沟浇水。另外，冷空气来临时不应对果桑喷药或喷水，否则受冻会更严重。在遭受冻害后，增施肥料1次，促进桑树开花、坐果，同时进行剪梢，把受冻枯枝部分剪去。

七、菌核病防控技术

（一）病原

桑葚菌核病是由子囊菌侵染而引起的一种真菌性毁灭性病害，因染病桑果病变后呈灰白色，俗称白果病。桑有肥大性、小粒性和缩小性菌核病3种类型。湖南4月下旬至5月上旬出现病症。桑肥大性菌核病病葚膨大，花被肿厚，呈乳白色，捻破后可闻到带有酒精味的腐烂臭气，病果中有一块黑硬的大菌核；桑小粒性菌核病病葚是个别或多个小粒染病，患病小果显著膨大突出，呈灰褐色，手触易脱落，只留果轴；桑缩小性菌核病受害病果显著缩小，呈灰白色，质地坚硬，表面有细皱纹，分布有暗褐色小斑点，病果中有坚硬的菌核（图2-67）。桑葚菌核病以菌核在土壤中越冬。翌年2月下旬至3月上旬遇阴雨天气，土壤湿润，菌核萌发抽出子囊盘，盘上子实层生出子囊和子囊孢子，子囊孢子成熟后从子囊中弹出，随气流传播，侵入桑树花器而引起初次侵染，子囊孢子长成菌丝，菌丝大量增殖侵入子房内，形成分生孢子梗与分生孢子，最后由菌丝形成菌核。被害桑果落地腐烂后，菌核残留土壤中越冬。春季阴雨天气几乎与菌核病病原菌生长发育相吻合，致使该病易暴发。通风透光差、低洼桑园暴发概率更高。

肥大性

小粒性

缩小性

图 2-67　三种不同类型的桑葚菌核病

（二）农业防控技术

1. 择地建园，减少传染

建立果桑园时，应选择地势高爽，排灌方便的田块，还应避开老病桑园和十字花科作物田地，如油菜等。

2. 修剪刷白，降低基数

秋冬桑树落叶后修剪，清园，喷洒石硫合剂，刷白树干（图 2-68）。

图 2-68　果桑树干冬季刷白

3. 加强培肥，增强树势

果桑园应以施长效肥为主，分别在冬季与采果伐条后各重施 1 次，春季桑芽萌发时可施专用复合肥与磷钾肥，以增强树势。

4. 深耕桑园，深埋菌核

结合施肥，在果期结束后与冬季，对桑园土壤全面深耕，将菌核翻入土中深埋，不利于菌核来年萌发，以减少初次侵染源，也可结合地面药物防治，在 3 月上旬进行桑园春耕，春耕深度 10 厘米以上。

5. 农膜盖地，隔离菌核

在菌核萌发前，用农用薄膜或地布、秸秆覆盖地面，可有效隔离病原菌的子囊孢子弹出侵染桑花（图 2-69）。农膜盖地，既能提高地温，使桑葚提早成熟，又能有效防止桑葚菌核病和葚瘿蚊及杂草为害，是桑果高产的重要技术措施。

图 2-69　长沙县福临果桑基地

6. 清除病果，控制病情

在桑果发育时经常巡园，及时摘掉树上病果，清除散落在地上的病果，实行深埋。

（三）药物防控技术

土壤消毒：2 月下旬至 3 月上旬，湖南多地气温回升到 10~15℃，菌核萌发出的子囊盘开始出土。结合春耕（不浅于 10 厘米），每亩用 50% 多菌灵可湿性粉剂 4~5 千克，加湿润的细土 10~15 千克，掺拌均匀后撒在行间，再耙入土中；也可结合春耕，对地喷洒 70% 甲基托布津 500 倍液或者其它菌核病防治药物进行 2 次地面消毒；桑芽露青期至脱苞期，还可用二氧化氯（浓度 200 毫克/升）或其它氯制消毒剂，选择气温相对较高的晴天对桑树、土壤及周围环境进行彻底消毒 1~2 次，土壤保持浸润状态，注意不喷及树枝以免伤芽。

这些地面消毒方法均可抑制菌核萌发，杀死子实体，可结合地面覆膜来进行。

花期药杀：于初花期（约10%的雌花开放，湖南一般在2月底至3月上中旬，因果桑品种、当地气候不同差异较大，湖南西部晚1~2天，大棚栽培初花期会提早至2月15日左右）选择以下药剂进行喷药防治（图2-70）：多菌灵（50%多菌灵可湿性粉剂800倍液）、甲基托布津（70%甲基硫菌灵可湿性粉剂1000倍液）等苯并咪唑类杀菌剂与80%代森锰锌等硫代氨基甲酸酯类杀菌剂1：1混合液；腐霉利（50%腐霉利可湿性粉剂1000~1200倍液）、菌核净（40%菌核净可湿性粉剂800~1000倍液）等二甲酰亚胺类杀菌剂；咪鲜胺（25%咪鲜胺乳油500倍液）、戊唑醇（43%戊唑醇5000~7000倍液）、苯醚甲环唑（10%苯醚甲环唑700~800倍液）、福星（40%氟硅唑乳油6000~10000倍液）等三唑类杀菌剂；凯泽（50%啶酰菌胺1250倍液）等线粒体呼吸抑制剂类杀菌剂；凯润（25%吡唑醚菌酯1500倍液）、阿米西达（250克/升嘧菌酯1200倍液）、翠贝（50%醚菌酯水分散粒剂5000倍液）等甲氧基丙烯酸酯类杀菌剂；嘧霉胺（70%嘧霉胺1600倍液）等苯胺基嘧啶类杀菌剂；叶将（戊唑醇与吡唑醚菌酯复配剂，30%悬浮剂1500倍液）、妆颜（甲基硫菌灵与吡唑醚菌酯复配剂，45%悬浮剂750倍液）等复配剂。施药在晴天桑枝露水干后进行，喷施时雾点须细、周到，充分湿润果桑的花、叶、枝，以滴水为度，地面及周围也应喷润，不留死角。遇阴雨天，在雨停枝干时喷药。喷药后5小时内遇中到大雨，雨停后应重新喷施。其后在盛花期、谢花期还可以选用上述一种药剂各喷洒1次，间隔7天左右，连续3次药杀。选用药剂时，要注意以上不同种类杀菌剂的交替使用，在采摘前30天停止使用苯并咪唑类等杀菌剂，以防农药残留而影响食用安全；苯醚甲环唑、嘧菌酯等杀菌剂有使家蚕发育时间延长现象，桑叶兼用养蚕时要慎用。使用新药时要做农药残留安全性检测试验，对于高等级绿色桑葚生产，可以考虑用木霉生物制剂进行全程防治。此外，试验表明新型植物源杀菌剂“脂肪酸消毒液”作为一种环保型药剂，对防治桑葚菌核病有一定效果，可在谢花期或雨后追喷时使用。

图 2–70　果桑初花期桑园打药防菌核病

专家指点：1. 严禁购买非正规厂家生产的农药用于桑树病害防治；2. 严禁使用过期失效农药；3. 严禁加大药液浓度，以免产生抗药性；4. 防治菌核病的药物要交叉使用，不要用同一种农药，以免产生抗药性。

八、桑果采收技术

桑果为聚合浆果，成熟桑果皮薄汁多，极易破损流汁，易在短时间内变质。为了避免造成果实过熟变质，一定要做好采摘准备，把握时间，及时采果。

1. 采摘准备

①采摘前一个月，要控制用药，以保证果质安全；②排除桑园积水，清除杂草，平整道路，以利于采摘；③准备好足够的采摘容器，要无毒、无味，不变形；④科学预测采摘时间，一般约有 20% 的桑果转为大红，10% 桑果转为紫色（或完全成熟果色）时，为始采摘期。

2. 采摘

①摘除病果，并集中销毁；②采摘人员要洗手消毒，逐一采清每棵树上熟果，并轻放轻提，防堆压；③避免雨天采摘，非鲜食桑果要及时运回做冷藏加工处理（图 2–71）。

图 2-71　娄底八里香基地果桑采摘

第五节　茶用桑园

一、新建茶用桑园

茶用桑园建立首先应考虑茶生产的安全性，并选择适宜作茶的桑树品种。茶用桑园地应选择至少 2 000 米内无工业污染源、各种垃圾场等，土壤环境质量符合 GB15618 中二级标准的要求，灌溉用水水质符合 GB5084 的规定，环境空气质量符合 GB3095—2012 的二级标准的要求，土壤为黄砂壤、黄壤等，土层深厚（0.8 米以上），pH 值为 6.0~7.5，质地疏松，耕作层有机质含量大于 1.5%，土壤排水透气性能良好、生物活性较强，矿物质元素丰富（图 2-72）。

图 2-72　泸溪茶用桑园

茶用桑园应适度规模的连片建立，要远离经常性使用农药的作物种植区。茶用桑园区块规划，土壤改良，排灌设施以及道路建设等按蚕用桑园建立。

二、茶用桑树型养成

茶用桑园的树型养成应该是多拳多芽养成形式。按宽窄行栽植，宽窄行距 2.0 米、0.5 米，株距 0.5 米，每亩栽 1000 株左右，养成多级支干。第 1 年 2 月下旬离地面高 30 厘米剪定养成主干，按方位均匀分布留 3 个芽，到 5 月下旬离地面 45 厘米水平剪定养成第一级支干，每个支干同样按方位均匀分布留 2~3 个芽，到 7 月下旬离地面 60 厘米水平剪定养成第二级支干，当年每株桑树养成二级支干 6~9 根枝条。第二年春离地面 75 厘米水平剪定，同样每个支干留 2~3 个芽共 12~20 根枝条养成第三级支干。以后每年可从此高度夏伐，每株桑树养成三级支干 12~20 拳形式的茶用桑园。

专家指点：1. 树型养成时，每剪定一次，要及时施肥，确保枝条快速生长，支干剪定时要完全木质化，未完全木质化时，应推迟剪定，至于养成级数可根据预期树型而确定；2. 拳上多留条，冬季重剪梢，春季可多采芽茶。

三、茶用桑叶收获

制茶桑叶分四级收获。特级为谷雨前或晚秋 1 芽 1 叶初展鲜叶，用于制作桑叶芽尖绿茶、桑尖黑茶；一级为 1 芽 2~3 叶，用于制作桑叶条形、扁形绿茶，贡尖黑茶和超级茯砖；二级为新梢第 4 至 第 8 叶位；三级为新梢第 9 叶位及以下与三眼叶。二、三级叶用于制作普通茯砖、花砖和千两系列黑茶。采摘时竹篓分级散装，采叶时间选择阴、晴天上午，结合蚕季分春、夏、早秋、中秋、晚秋五季采摘。运输工具必须清洁、干燥、卫生、无异味、无污染，严禁与有毒、有害、有异味、易污染的物品混装、混运。

第六节　菜用桑园

一、新建菜用桑园

为了生产生态环保、绿色健康的桑芽菜，菜用桑园基地应该选择在无污染、生态条件良好的区域，基地选点应远离工矿区、公路铁路干线，避开工业和城市污染源，地势高爽、向阳，土层肥厚，质地疏松，水源安全可靠。土壤PH值6.0~7.5，土壤有机质含量20~30克/千克，全氮、有效磷、有效钾的含量分别高于1.2克/千克、40毫克/千克、150毫克/千克。按照绿色食品生产的有害生物防治原则、农药选用、农药使用规范、农药残留要求以及允许使用的肥料种类、组成、使用规则进行菜用桑园的药肥管控，并配套完备的排灌设施。按照40厘米×40厘米形式，开挖栽植沟，施足基肥。园内主道与支道条条相通，连接公路，方便桑芽菜采摘与及时运输。

高产菜用桑园（宽窄行）

采摘体验

图2-73 菜用桑园

二、菜用桑品种及树型养成

桑芽菜作为一种功能性食品，不仅要求功能性活性物质含量高、营养丰富，而且要求纤维素含量低、可溶性糖含量高、口感好。除了粤菜桑2号、16号外，目前菜桑专用品种还很少，生产上使用的菜桑品种主要是粤桑11号、粤桑51号等。由于菜用桑收获形式是采芽叶，因此一般采取密植形式、低干树型养成。栽植密度不同，树型养成也不同，密度越大，支干级数越少；不同收获模式，栽植密度也会不同，体验采摘宜稀，商业采摘宜密（图 2-73）。亩栽 1000~1400 株，可以养成主干高度 20 厘米，一级支干离地高度为 30~35 厘米，二级支干离地高度为 55~60 厘米；亩栽 1600~2000 株，可以养成主干高度 20 厘米，一级支干离地高度为 40~50 厘米。为了方便采摘，桑苗栽植可采取宽窄行形式栽植。随着一年中多批次采摘芽叶，树型也会逐渐升高开展，形成采收蓬面。一般在春季收获几茬后，在 5 月中上旬至 6 月中下旬进行夏伐，逐渐养成拳式树型。为了一年中可以连续稳定供应桑芽菜，在此段时期内可对不同桑园进行不同时段的夏伐。夏伐后经过几茬连续采摘，上部侧枝呈多、细状态，其顶端离地高度近 100 厘米（一级支干树型高度近 85 厘米），就应进行一次剪梢降枝，以提高下半年桑芽菜产量与质量。注意追施有机肥与抗旱排涝。

三、桑芽菜的收获与后处理

（一）桑芽菜收获

（1）桑芽菜采摘标准为 1 芽 2~3 叶，枝条生长到 25 厘米左右，开叶 5~6 片时开始采摘。

（2）水肥充分保证的条件下，旺盛生长期 15~18 天/茬，1 年多批次采摘。

（3）采摘时宜采用箩筐，采摘后蓬松放置，不能挤压，防止发热变质。

（4）采摘时间主要为当天晚上到第二天早上 9 点之前，采摘后立即运到加工厂进行预冷处理，防止萎蔫。

（二）桑芽菜的后处理方法

目前桑芽菜收获后加工处理方法主要有 3 种：① 过水烫漂速冻桑芽菜；② 新鲜保鲜桑芽菜；③ 脱水冻干桑芽菜。以过水烫漂速冻桑芽菜的处理方法最为简单，也最为普遍（图 2-74），其基本的制备工艺为：桑芽菜采摘→收购验货→收获过秤→高温过水→清水漂洗→挑选→称量→分装→封装→真空包装→进库冷冻→包装发货。

图 2-74　桑芽菜烫漂（左角为新鲜桑芽菜，右角为真空包装桑芽菜）

专家指点：实际上，在养蚕生产的桑园管理中需要摘心与疏芽，这些枝梢的顶芽、2~3 片嫩叶及未木质化的嫩茎部分可以用作菜品原料，加工成桑芽菜，既减少资源浪费，又增加收入。此外，桑叶还可加工成桑叶粉、桑叶面、桑叶小甜饼、桑叶汁等数十种桑叶食品与桑叶饮料（图 2-75），以生产桑叶（粉）食品为目的的桑园选址标准、桑树管护要求与菜用桑园是一致的。

图 2-75　以桑叶粉为基本原料加工的系列桑叶食品（示例）

第七节　桑园主要病虫害防治技术

一、病虫害种类

1994—1995 年开展湖南省桑树病虫害普查，共查到桑树病害 15 种，害虫 43 种。2003—2005 年湖南桑园害虫系统调查，查到桑树害虫有 60 种。湖南主要桑树病害有：桑黄化型萎缩病、桑疫病、桑卷叶枯病、桑褐斑病、桑污叶病、桑紫纹羽病、桑根结线虫病、桑葚菌核病等；主要桑树害虫有：桑象虫、桑尺蠖、桑螟、斜纹夜蛾、桑夜蛾、红腹灯蛾、桑叶蝉、桑蓟马、桑白蚧、桑天牛等。目前，湖南省普遍发生、危害严重、损失较大的是“一虫一病”，即桑螟和桑葚菌核病（图 2–76）。

图 2–76　湖南桑园频发的“一虫一病”（左为桑螟为害症状，右为桑葚菌核病症状）

专家指点：桑园主要病虫害种类会随生态环境的变迁而演变，随地理区域变化而变化，其为害时间与程度也随年份不同和气候差异而存在区别。应每隔 3~5 年对某个区域内桑园病害及天敌进行一次普查。

二、病虫害防治时期及农药谱

（一）病虫害防治时期

桑园病虫害的防治时期应根据桑园主要病虫害生长发育进度确定。一般将桑园病虫害预测预报得出的害虫孵化高峰期，病害发生初期作为防治适期。即桑园鳞翅目类害虫孵化 50%，缨翅目类成虫与若虫比例为 1∶3，鞘翅目类害虫成虫羽化期和桑树病害已出现症状时作为桑园病虫害的防治适期。

专家指点：桑园病虫害的防治时期主要是指桑园化学农药的使用时期，要坚持早防早治原则。但桑园病虫害的防治时期必须要统筹兼顾养蚕收蚁时间与蚕作农药安全期，以避免蚕作中毒事件的发生。蚕期桑园一般不使用农药，如必须应急使用农药防治时，则要注重用药种类与喷药方法，设置安全带，确保用叶安全。

（二）病虫害的防治指标

根据主要桑园虫害的数量与桑园病害的发病率进行发生程度分级，并由此确定防治指标（表 2-4），做到防早、防小、防了。

表 2-4　桑园主要病虫害的防治指标

病虫害名称	防治指标
桑尺蠖	2000 头/亩
桑 螟	1500 头/亩
桑夜蛾	1500 头/亩
鳞翅目类害虫	复合虫口≥ 2000 头/亩
桑蓟马	300 头/条，第 3~6 叶平均虫数≥ 50 头/叶
桑天牛	株受害率≥ 10%，成虫≥ 50 头/亩
桑白蚧	株受害率≥ 15%，雌蚧虫≥ 60 个/米条长
桑黄化型萎缩病	株发病率≥ 2%，菱纹叶蝉≥ 1000 头/亩
桑叶枯病	叶发病率≥ 5%

（三）常用农药谱

桑园病虫害防治要针对不同防治对象，选择适当农药与准确浓度进行防治，并保证桑叶的蚕作农药安全期（表 2-5）。

表 2-5 桑园常用农药谱

品 种	使用浓度	防治对象	安全期/天
40% 乐果乳油	800 倍	桑蓟马等	5
80% 敌敌畏乳油	1000 倍	桑蓟马、桑螟等	7
桑虫净	1000~1200 倍	桑蓟马、鳞翅目类害虫等	5
6% 敌马乳油	1000~1200 倍	鳞翅目类害虫、桑蓟马等	6
8% 残杀威粉剂	1000~1200 倍	鳞翅目类害虫、桑蓟马、桑象虫等	12
乐 桑	1200~1500 倍	鳞翅目类害虫、桑象虫、桑瘿蚊等	21
40% 毒死蜱乳油	1500 倍	桑螟、桑尺蠖、桑蓟马、桑象虫等	21
1.8% 阿维菌素乳油	2500~3000 倍	桑蓟马、桑螟等	45~60（夏伐、冬季封园用）
4.5% 高效氯氰菊酯乳油	3000 倍	鳞翅目类害虫、桑蓟马等	60（冬季封园用）
50% 多菌灵可湿性粉剂	500~800 倍	桑叶枯病、桑葚菌核病、桑褐斑病等	3
70% 甲基托布津可湿性粉剂	500~1000 倍	桑叶枯病、桑葚菌核病、桑褐斑病等	7
25% 咪鲜胺乳油	500 倍	桑葚菌核病	
40% 菌核净可湿性粉剂	800~1000 倍	桑葚菌核病	

三、病虫害综合防治技术

桑园病虫害的综合防治技术策略包括三个方面的内容：一是从生态观点出发，全面考虑生态平衡、环境安全、经济效益和防治效果，提出最合理及最有益的防治措施；二是病虫防治不片面追求病虫的消灭，而是着重于病虫数量的调节，将病虫数量控制在经济受害水平以下；三是强调各种方法的协调，同时尽量采用非化学的防治法，除非在其它防治措施失效而害虫种群数量达到防治指标时才使用化学防治，一般尽可能少用或不用。

（一）农业防治

是以田间栽培管理为基础，通过植物检疫、推广抗性桑品种，并结合翻耕施肥、人工除草、采叶与夏伐、剪梢与整枝等桑园生产管理措施来防治病虫害。

（1）植物检疫　利用国家法律法规防止危险性病虫害的传播和蔓延。我们在调运苗木时要进行产地生产期病虫害调查和苗木检疫，防止美国白蛾、桑蟥、桑黄化型萎缩病、桑青枯病、桑疫病等通过苗木调运而造成远距离传播。

（2）推广抗性桑品种　桑树品种之间的抗虫性存在明显差异，选育和推广抗虫性强的优良桑品种，是桑园害虫防控的重要方法之一。

（3）翻耕与施肥　桑园土壤是很多病原体、害虫生活栖息和越冬的场所，每年结合施肥进行 2~3 次翻耕，不仅可直接杀伤部分害虫，还可破坏其巢穴、蛹室等，将害虫暴露在不良环境下；同时，还可将地面落叶上的病原菌及浅土层中的害虫深埋。冬季增施堆肥、厩肥等有机肥，不仅可改善土壤营养条件，提高桑树自身的抗病虫能力，还可恶化土壤中害虫环境条件，降低害虫抗寒越冬能力。

（4）除草　桑园每年可进行 3~4 次除草，不仅可直接杀灭杂草，还可减少桑蓟马、红蜘蛛等害虫的栖息、越冬场所。

（5）采叶与夏伐　通过多次采摘桑叶从桑园中带出大量桑蓟马、桑螟等害虫的幼虫、卵，可以降低桑园的虫口密度。桑树夏伐恶化了害虫的生存环境，隔断其食物来源，大量的芽叶害虫，特别是单食性害虫如桑螟、野蚕等鳞翅目害虫的幼虫因缺少食物而死亡，可极大地降低害虫的虫口基数。

（6）剪梢与整枝　冬季进行桑树剪梢，可使养分集中，枝条充实，提高桑树的抗病虫能力；同时，还可剪掉大部分叶蝉类害虫的越冬卵，大大降低来年的虫口基数。冬季彻底修剪桑树的死拳、枯桩、半枯桩、病虫枝及细弱垂枝，可减少病虫基数。

（二）物理防治

主要是利用害虫独特的生活习性，如趋光性、趋化性、群集性、假死性等，采取相应的物理、机械等措施来杀灭害虫。

（1）灯光或黏虫板诱杀　桑园鳞翅目害虫的成虫大都有趋光性，可用灯光或黏虫板诱杀。5 月至 10 月可在桑园中利用佳多频振式 PS-15 Ⅱ杀虫灯或太阳能诱蛾灯及桑园中悬挂黄、蓝黏虫板诱杀害虫。每 10~15 亩桑园安装 1 盏太阳能灯，预防期每亩悬挂 20 厘米 ×30 厘米黏虫板 15~20 片，害虫发生期每亩悬挂 20 厘米 ×30 厘米黏虫板 45 片以上（图 2-77）。

图 2-77　桑园诱杀害虫（左为太阳能诱蛾灯，右为黏虫板）

（2）性信息素诱杀　利用人工合成的昆虫性信息素诱杀害虫。

（3）人工捕杀　金龟子等害虫有假死性，早晨可振动树枝，金龟子均掉在地上假死，可人工捕捉。斜纹夜蛾、桑尺蠖等害虫的低龄幼虫有群集性，可直接人工摘除叶片，集中杀灭。桑天牛成虫有咬食桑枝皮补充营养的习性，6 月中下旬的早晚可在桑园捕捉其成虫，发现桑天牛产卵痕时，即用小刀、锥针等刺破虫卵（图 2-78）。

图 2-78　桑园可捕杀主要害虫示例（左为桑天牛成虫，右为斜纹夜蛾群集性幼虫）

（三）生物防治

主要是利用桑园病虫害的天敌生物控制害虫的种群数量。通过保护与利用天敌，充分发挥其自然控制作用，维持桑园生态系统的动态平衡。

（四）生态防治

是以维持生态系统的持续和高效为目标，体现安全、有效、经济和适用，强调各种防控措施的协调运用。一是桑园管理上注重维护桑园生物的多样性，增强桑园的自然调控能力。二是调整桑园品种布局，避免栽植单一的桑树品种，减少造成毁灭性危害的概率。同时针对当地的病虫害优势种群的发生规律，改变栽培模式，提高桑园的自然调控能力。三是增施有机肥，增强树势，提高桑树本身的抗虫和补偿能力。四是铲除桑园周围的病虫害中间寄主，可以减少病虫害的交叉传染或就近传播为害。

（五）化学防治

是利用化学农药直接杀死病虫害，在病虫害综合防治技术措施中，只是一种补救措施。首先，应建立病虫害优势种群测报预警体系，掌握病虫害防治的最佳适期与防治指标；其次，要选用高效、低毒、低残留的农药，并严格控制蚕作安全间隔期；第三，轮用或混用不同类型的农药，延缓害虫抗药性的产生，稳定防治效果。

专家指点：不同区域不同年份，桑园病虫害发生的种类、时期及数量、流行规律及危害程度均不一样，应建立桑园病虫害预测预报预警体系，因地制宜采取相应的综合防治技术措施。

四、桑园病虫害防治年历

病虫害会因季节不同而变化，应充分掌握各地区桑园病虫害发生的基本规律，结合气候变化，提早做好准备，以利于及时防治（表2–6）。

表2–6　桑园主要病虫害防治年历

季节	防治对象	防治适期	农药品种	备注
春季 3~5月	桑象虫、桑尺蠖等	4月上、中旬	桑虫净	根据虫情而定
	桑螟、桑叶蝉等	5月上旬	敌敌畏、桑虫净	分区块喷药
	桑黄化型萎缩病（治菱纹叶蝉若虫）	4月下旬至5月初	敌敌畏、桑虫净	挖除桑园病株
	桑葚菌核病	2月下旬至3月下旬	甲基托布津、咪鲜胺、菌核净等	4月下旬至5月上旬摘除病果
夏季 6~7月	桑象虫	夏伐后3~4天	乐桑、残杀威	兼治其它害虫
	桑白蚧	夏伐后	洗衣粉、乐桑	发芽前洗刷或涂干
	鳞翅目类（桑尺蠖、桑螟、斜纹夜蛾、红腹灯蛾、桑夜蛾等）害虫	6月中下旬、7月上中旬	乐桑、灭多威	人工捕捉桑天牛成虫
秋季 8~10月	桑蓟马	7月下旬至9月中旬	乐果、氧化乐果	喷叶片背面
	天牛类害虫	8~10月	毒签、灭蛀灵	刺杀幼虫、卵粒
	鳞翅目类害虫	8月上中旬 9月上中旬	乐桑、灭多威、桑虫净、敌敌畏	摘掉群集幼虫或虫卵叶片
		10月下旬	高效氯氰菊酯	秋蚕结束后治好“关门虫”
	桑褐斑病、桑叶枯病、桑炭疽病	8~9月	多菌灵、甲基托布津	发现病叶及时剪除，集中烧毁
	桑黄化型萎缩病	6~10月		发现病树及时挖除

续表

冬季11月至次年2月	（1）束草诱杀桑尺蠖、桑螟等越冬害虫；（2）重剪梢减少菱纹叶蝉卵及桑疫病病原；（3）刮野蚕、桑蟥等卵块；（4）修剪枯枝、枯桩，杀灭桑象虫等越冬成虫；（5）填塞树缝裂隙防治桑螟等；（6）冬耕破坏地下害虫、病原体越冬场所；（7）清洁桑园枯枝落叶；（8）挖除桑黄化型萎缩病、桑紫纹羽病株；（9）毒签封堵杀灭天牛类害虫

五、主要病虫害防治技术

（一）桑叶枯病防治技术

桑叶枯病是桑树的一种真菌性病害，我国大部分桑区均有发生。本病在4~10月发生，大多发生在枝条顶端4~5片嫩叶上。春季从4月下旬到5月上中旬发病，夏秋以7~8月发病较多。春季发病时，叶缘先呈水渍状，后生深褐色病斑，向叶面卷缩，最后全叶变黑脱落。夏秋季发病时危害顶端叶片，先是叶尖及其附近的叶缘变褐，后扩大到前半部叶呈黄褐色大枯斑，后半部叶的叶缘、叶脉间呈黄褐色梭形大病斑。病斑吸水腐烂，干燥则裂开，被害叶易脱落，潮湿病斑上往往产生暗蓝褐色的霉状物病原菌（图2−79）。

图2−79　桑叶枯病症状（左为春季受害症状，右为秋季群体性症状）

桑叶枯病菌丝体在病叶组织中越冬。翌年春暖后产生分生孢子，引起初次侵染。其后病叶不断产生分生孢子梗和分生孢子，孢子随风雨传播引起多次侵染。本菌喜湿，分生孢子萌发与侵染均不能缺少雨水。干燥条件下，虽然菌丝体在桑叶组织中可以生长，但分生孢子产量很少，连续天晴时，该病立刻受到抑制。本病为适温高湿病害，连续阴雨，地下水位高、密植通风不良桑园较易发病。

防治措施：① 春季及时摘除病叶，晚秋彻底清除带病落叶，集中烧毁，减少病源；② 低洼桑园及时开沟排水，降低田间湿度；③ 发病初期用 50% 多菌灵或 70% 甲基托布津可湿性粉剂 500~750 倍液喷雾防治；④ 选栽“育71-1”等抗病耐病桑品种，是减轻该病害的有效途径。

（二）桑疫病防治技术

桑疫病是由细菌引起的桑树的一种重要病害，我国大部分蚕桑区均有发生。本病一般春季 4~5 月发生，梅雨期增多，秋季 8~9 月危害较重。本病有黑枯型和缩叶型 2 种病型。

桑细菌性黑枯型病：受害叶片呈现黄褐色病斑，严重时整叶枯黄，病斑部坏死穿孔，叶片皱缩，最后脱落。为害新梢时，梢端芽叶黑枯腐烂，出现烂头症状（图 2-80）。病枝表面形成粗细不等稍隆起的点线状黑褐色病斑，枝条内部呈现比外部更鲜明的黄褐色点线状病斑。

图 2-80　桑疫病烂头症状

桑细菌性缩叶型病：叶片感病时出现近圆形褐色病斑，周围稍褪绿，病斑后期穿孔，叶缘变褐，叶片腐烂。叶脉受害变褐，叶片向背面卷曲呈缩叶状，易脱落。新梢受害部出现黑色龟裂状梭形大病斑，顶芽变黑、枯萎，下部腋芽发成新梢。

桑疫病在高温、高湿条件下，病斑部可能溢出淡黄色黏附物，是该病病菌聚集而成的“溢脓”，干燥时溢脓常凝结成有光泽的小珠或菌膜状。

桑疫病病原菌在病枝条活组织内越冬，次年春季气温变暖时，随树液流动，内部病斑中的细菌由维管束蔓延到桑芽和嫩叶，引起初次侵染，并在叶柄、叶脉上形成新病斑。病斑内细菌迅速繁殖，溢出黄白色菌脓。菌脓随雨水滴溅到邻近芽叶上，或者经昆虫、枝叶相互接触等造成的伤口侵入，也可通过气孔侵入，引起再次侵染。在高温高湿条件下，可多次侵染，病害迅速蔓延扩大，导致流行。

夏季雷雨后暴晴，发病严重。桑园平均相对湿度达 85% 以上时，发病严重。枝叶相互摩擦造成的伤口，以及桑瘿蚊、桑象虫为害幼叶和生长芽后造成的伤口，都容易感染发病。调运带病的接穗和苗木，是远距离传播的主要途径。

防治措施：① 严格检疫，严禁带病苗、穗调运，苗地发现病苗，必须立即拔除；② 选栽“农桑 8 号”等抗病品种；③加强桑瘿蚊、桑象虫等害虫防治，防止粗暴采叶和剪伐，尽量减少虫口和伤口，减少病原菌侵入途径；④发现黑死芽，新梢基部腐烂、烂头和枝条上点线状病斑、叶斑等带病枝叶，应及时剪除烧毁，冬修时要从病斑下 5~10 毫米处剪除。对发病严重桑株，可降干复壮；⑤ 着重抓好 4 月中旬、梅雨季节前后、夏秋季三个关键期。在生长季节一旦发现病枝病梢立即剪除，并用 300~500 毫克/千克的盐酸土霉素液或 100 倍的二氯异氰尿酸钠液喷施，隔 7 天喷 1 次 ，连喷 3 次。在非蚕期也可用 0.1% 铜氨液或 0.1% 硫酸铜溶液防治，隔 7 天喷 1 次，连喷 3 次，能较好地控制病害的发生。

（三）桑螟防治技术

桑螟在国内桑区均有分布。以幼虫卷叶为害，食害叶片的下表皮和叶肉，仅留叶脉上表皮，使被害叶呈半透明薄膜状，俗称“开天窗”。夏秋季危害严重时，成片桑园枯黄，不见绿叶（图 2-81）。它的粪便附着于桑叶上，诱发蚕儿发生粪结病，还是家蚕浓核病的传染源之一。

图 2-81　桑螟为害症状（左为桑螟幼虫，右为群体性为害症状）

桑螟以老熟幼虫在桑树裂缝等结薄茧越冬。桑螟在湖南省每年发生 5 代，幼虫盛孵期为 5 月上旬、6 月中旬、7 月中旬、8 月上中旬、9 月中旬，以第 4~5 代危害最严重，应重点防治控制第 3~4 代。第 3~4 代每亩桑虫量达到 1500 头以上，如不及时防治，第 4~5 代气候环境适宜时，很容易暴发成灾。8 月气温适中，雨水偏多年份桑螟发生重，高干密植桑园、路边近屋桑园发生偏重。

防治措施：①保护天敌。注意保护和利用桑螟的天敌（广赤眼蜂、桑螟绒茧蜂、菲岛长距茧蜂、广大腿小蜂等），自然抑制桑螟的发生。②束草诱杀。在晚秋落叶前，结合桑园管理，用稻草将未落叶的桑枝捆起，诱集幼虫潜伏越冬，早春解除束草焚烧杀灭害虫。③人工捕杀。冬季清园收集落叶、杂草，收捕越冬幼虫，填塞裂隙蛀孔。夏秋季发现少数桑螟，随时捏杀。④诱杀成虫。成虫有趋光性，5~10 月在桑园挂佳多频振式 PS-15 Ⅱ或太阳能杀虫灯诱杀成虫。⑤化学防治。在各代幼虫盛发期用 80% 敌敌畏乳剂 800~1000 倍液或 8% 残杀威粉剂 1000~1200 倍液或 40% 乐桑乳剂 1000~1200 倍液喷杀幼虫。

（四）桑蓟马防治技术

桑蓟马在国内各桑区都有发生。夏秋季高温干旱时，虫口密度最高，危害最重。桑蓟马成虫、若虫都以口吻吸取桑叶叶片、叶柄的液汁。被害叶片、叶柄以及主脉上出现无数微点，凹陷、发褐。受害叶因此失去水分与营养，叶无光泽、硬化，叶质下降，危害严重时桑叶萎缩卷曲，不能喂蚕。受害桑园远看明显分 3 层。下层叶硬化，中上层叶干瘪卷缩呈褐色，顶端层为刚抽出的绿色嫩叶（图 2−82）。

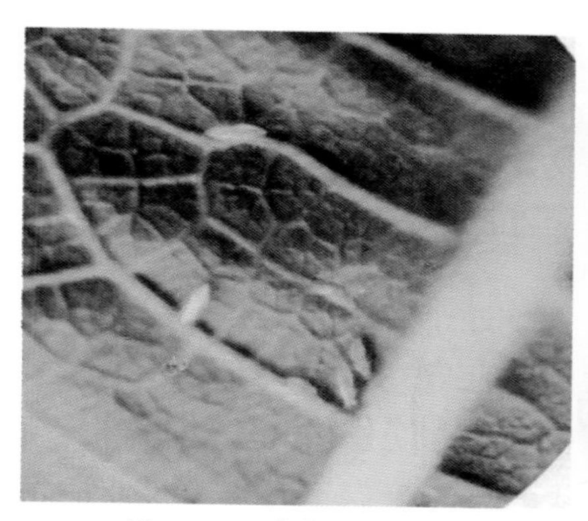

图 2−82　桑蓟马为害症状（左为桑蓟马若虫，右为群体性为害症状）

桑蓟马以成虫潜伏在杂草、树皮、枯叶或束草内越冬。湖南省每年发生 10 代，以 5~8 代危害最严重，应重点防治。一般春季虫口密度低，危害较轻，夏秋季 7 月中旬到 9 月上旬高温干旱季节危害最严重，大批若虫、成虫密集于枝干中上部食害嫩叶。夏秋季第 3~6 片叶桑蓟马虫量达到 50 只/叶，如遇连续一星期以上高温干旱天气，桑蓟马就会暴发成灾。

防治措施：① 清洁桑园。冬季彻底清除桑园及周边杂草、落叶、枯枝等，减少越冬成虫。②防除杂草。桑树夏伐后立即防除桑园杂草和清除桑枝，破坏桑蓟马中间寄主。③人工诱杀。夏秋季发生严重时，桑园挂黏虫板诱杀。④药剂防治。用 40% 乐果乳剂 750 倍液，或 80% 敌敌畏乳剂 1000 倍液，或 40% 乐桑乳剂 1000~1200 倍液防治。⑤选栽抗虫桑品种，如“育 71−1”等。

3 第三章 家蚕高效养殖技术

第一节　蚕的一生和特点

一、蚕的生活史

家蚕是完全变态昆虫，在整个生活周期中，要经过卵、幼虫（蚕儿）、蛹和成虫（蚕蛾）四个形态和生理功能完全不同的发育阶段。从蚕卵内孵化出来的幼虫，体躯细小，黑色有毛，像蚂蚁，称为蚁蚕。蚕儿食桑后逐渐长大，必须蜕去外层旧皮形成新皮，才能继续正常生长，蜕皮前不食不动的蚕儿叫眠蚕，蚕儿每蜕去一次旧皮，便开始进入一个新的龄期。一般蜕皮 4 次，共 5 个龄期。根据幼虫的生长发育特点可将其进一步划分为小蚕（1~3 龄，又称稚蚕）与大蚕（4~5 龄，又称壮蚕）。5 龄末期蚕儿停止食桑，成为熟蚕，并吐丝结茧。吐丝结束时开始化蛹，蛹发育到一定阶段后羽化产卵，完成一个世代（图 3-1）。

二、蚕的生长环境与条件

家蚕的生长发育对生态环境具有一定适应性与依赖性。其生态环境可分为内环境、外环境。内环境是指受家蚕自身遗传因素所决定的环境因子，如不同的家蚕品种、品系及其不同的眠性、化性、趋性、特异抗性等。外环境

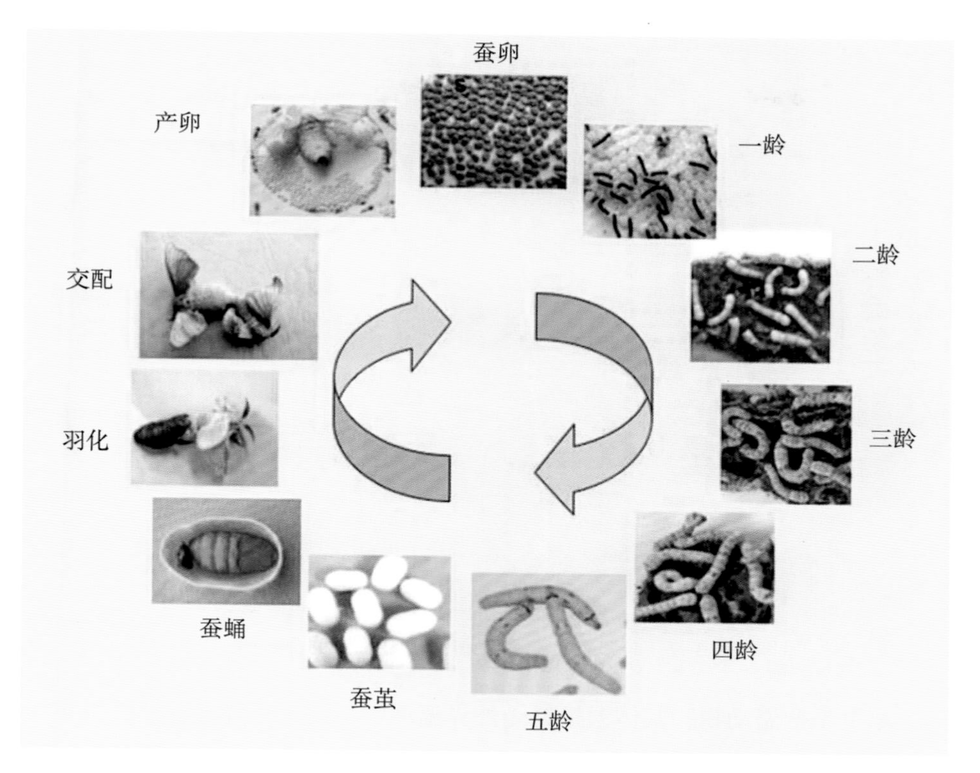

图 3-1　家蚕生活周期

是指受家蚕自身遗传以外的相关因素所决定的环境因子，它又可根据人类活动的可干预程度与范围进一步划分为自然环境与人为环境。自然环境是指其微环境在一定时间内一定程度上可以受人的主观行为所干预，但在长期与宏观层面上仍然依赖于大自然的环境因子，主要包括温度、湿度、光线、空气等；人为环境是指其本身就主要受人的主观行为所控制或者虽受自然条件所限制，但仍然依赖于人的主观行为全面持续地正面有效干预的环境因子，主要包括技术、农药、桑叶、蚕病等（图 3-2）。但在饲育方式或设施设备发生跨越式变革与进步的背景下，人的主观行为能够较为经济地从更为宏观的层面持续有效干预，某些当前属于自然环境的相关因子就会转变为人为环境因子。

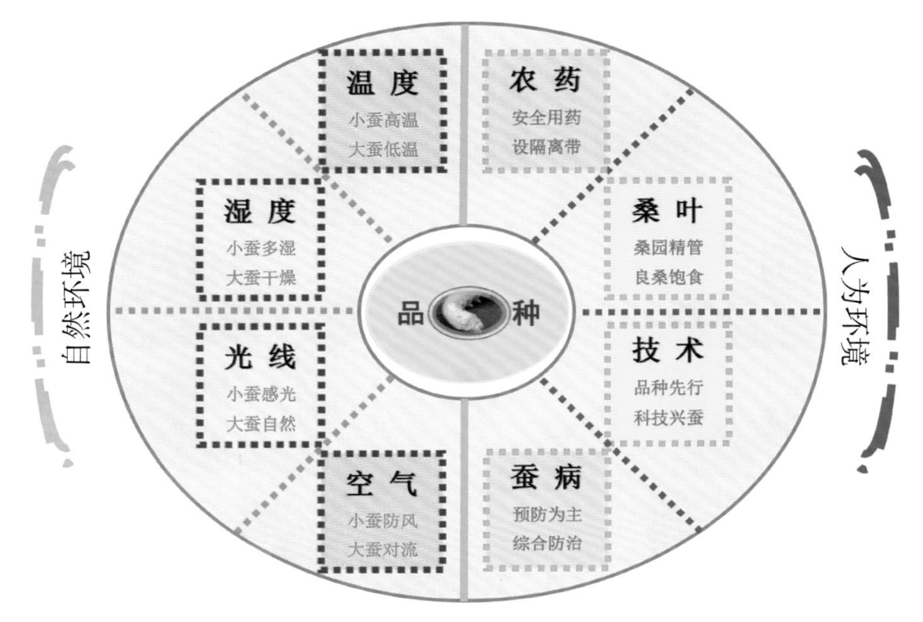

图 3-2　与家蚕生长发育相关的内外环境示意图

家蚕是变温动物，其体温极易受外界温度影响。在 20~30℃范围内，随着气温的升高蚕儿食桑量、消化量会增大，呼吸量会增加，生长发育会加快。长时间接触过高过低温度对蚕儿发育极为不利。一般最为理想的温度标准为：1~2 龄 27~28℃，3 龄 25~26℃，4~5 龄 23~25℃。

湿度直接影响蚕体水分的散发、体温的调节及新陈代谢，间接影响蚕座上桑叶凋萎的快慢和病原菌的繁殖速度。一般理想的湿度标准是：1 龄为 85%~90%，以后随着龄期的增长逐龄降低 5%，到 5 龄为 70% 左右。

蚕儿能感应光线的明暗，刚孵化的蚁蚕与 1 龄蚕，喜欢向亮处爬，表现出明显的趋光性，大蚕期与熟蚕期则表现出明显的背光性。因此，小蚕期要注意换气感光，使下层蚕儿爬到上层，减少伏魏蚕。熟蚕背光性特强，为防背光性密集而多结双宫茧，要注意上蔟场所光线保持均匀。

由于蚕室内蚕儿和饲养人员的呼吸，加温燃料和蚕座蒸发，使蚕座的二氧化碳浓度增加，同时还会产生一氧化碳、二氧化硫及氨气等有毒气体，要注意通风换气，保持空气新鲜。根据蚕的生理特点，小蚕期要注意防风，大蚕期要加强对流。

家蚕是寡食性昆虫，其营养物质来自桑叶。桑叶中主要营养成分是蛋白质、碳水化合物、脂类、维生素、无机盐和水。不同龄期的蚕儿对桑叶营养成分有不同的要求。小蚕期生长速度快，必须严格选择质地柔软，容易啃食及消化，富含水分、蛋白质等的桑叶；大蚕期，特别是5龄期，是蚕体内绢丝物质迅速形成的时期，需要饲喂蛋白质与碳水化合物含量丰富、含水率适中且不过于柔嫩的桑叶，保持叶质新鲜。

蚕儿对农药、工厂废气等异常敏感，桑园规划时就应与需经常使用农药的作物、污染工厂保持一定距离，以免引发蚕儿中毒；养蚕工具与施药器械也应严格分开放置。此外，还应注意不要将桑树与烟叶、除虫菊等作物混合种植，其间隔距离至少在500米以上。

蚕病发生的原因有很多，而且自然界环境中始终存在不同种类的对家蚕有致病力的病原微生物，它通过一定传染途径，感染寄生蚕体某一部分，引发蚕病。为了养蚕安全，保证蚕茧丰收，在养蚕前、养蚕中、养蚕后，必须对环境、蚕室、蚕体、蚕具等进行彻底消毒。蚕病防治必须坚持“预防为主，综合防治”。

经过长期驯化，家蚕已成为必须完全依赖人类才能生存的家养动物。其生长发育好坏与养蚕基础设施设备、养蚕人员的操作技术水平等硬软件条件紧密相关。养好家蚕，必须强化对蚕农的技术培训与生产示范，选择优良桑树、家蚕品种，配备相应的基本蚕房、蚕具、蚕药、桑园等，坚持良种良法、科学养蚕。

第二节 家蚕品种

一、春用品种

1. 武·陵 × 映·秀

该品种系湖南省蚕桑科学研究所与西南大学合作育成的斑纹全限性家蚕品种。蚕种孵化齐一，蚁蚕体色呈黑褐色。各龄蚕儿眠起齐一，行动较为活泼，要及时匀座、扩座，壮蚕食桑快猛且量大，要确保良桑饱食，蚕体较大，结实粗壮，花蚕为雌，白蚕为雄。老熟齐一，雄蚕营茧较快，雌蚕营茧稍慢，喜结中上层茧，茧粒大而匀整，茧形椭圆略短，茧色洁白，缩皱中等。对高温多湿环境适应能力明显强于一般春用品种，有高度的血液型脓病（由 BmNPV 引起）耐受性。春季茧层率为 23.5%~24.5%，茧丝长 1250~1350 米；秋季茧层率为 22.5%~23.5%，茧丝长 1100~1250 米，茧丝纤度适中，洁净优，适合于长江流域春秋季饲养（图 3-3）。

图 3-3 武·陵 × 映·秀的幼虫（左为幼虫，右为蚕茧）

2. 菁松 × 皓月

该品种系中国农业科学院蚕业研究所育成的家蚕品种。孵化齐一，蚁蚕体色为黑褐色，有逸散性。稚蚕期趋光性强，要注意匀座扩座；壮蚕期蚕儿有趋光性、趋密性，易密集成堆，应注意匀座分匾。各龄食桑活泼，壮蚕食桑快而旺盛，不踏叶，应注意良桑饱食。各龄眠起齐一，眠性快，应加强眠起处理。体质强健，饲养容易，蚕体匀整，壮蚕体色青白，普通斑，蚕体大而结实（图 3-4），5 龄期及蔟中抗湿性稍差，应注意通风排湿。熟蚕体米红色，老熟齐而涌，结上层茧，茧形大而匀整，茧色洁白，缩皱中等，茧层率 25.0% 左右，茧丝长 1300~1400 米，茧丝纤度适中，洁净优，适合于长江流域与黄河流域春季饲养。

图 3-4　菁松 × 皓月的幼虫

3. 871 × 872

该品种系中国农业科学院蚕业研究所育成的多丝量家蚕品种。孵化、眠起、老熟齐一，食桑旺盛，蚕体粗大，普通斑，茧形大而匀整，茧色洁白，耐氟性较强（图 3-5）。大蚕期要加强通风排湿与消毒防病，防止高温闷热与蚕病感染，在持续高温下，要加强通风换气，积极采取降温措施。茧层率 24.0%~25.0%，茧丝长 1200~1400 米，纤度略粗，净度优，适合于长江流域与黄河流域春秋饲养。

图 3-5　871 × 872 的幼虫

二、夏秋用种

1. 锦 · 绣 × 潇 · 湘

该品种系湖南省蚕桑科学研究所与苏州大学合作育成的斑纹全限性四元杂交家蚕品种，2020 年通过国家畜禽遗传资源委员会审定，二化（含有多化性血缘）、四眠。以锦 · 绣为母体的杂交种越年卵为青灰色及灰绿色，卵壳浅黄色，克卵粒数 1600 粒左右，克蚁头数 2200 头左右；以潇·湘为母体的杂交种越年卵为灰紫色，卵壳白色，克卵粒数 1700 粒左右，克蚁头数 2300 头左右。蚕种孵化齐一，蚁蚕体色呈黑褐色。家蚕各龄食桑较快，行动较为活泼，发育整齐，体质健壮，壮蚕食桑快猛且食下量大，粗壮结实，花蚕为雌，白蚕为雄。老熟齐一，营茧快，多结中上层茧，茧型大，茧形长椭圆，大小匀正，茧色洁白，缩皱中等（图 3–6），但如上蔟偏密则双宫茧明显增加。春季茧层率为 23.5%~24.5%，茧丝长 1200~1300 米，解舒丝长 900~1050 米；秋季茧层率为 22.5%~23.5%，茧丝长 1050~1200 米，解舒丝长 800~950 米；茧丝纤度适中，洁净优，对由 BmNPV 引起的抗血液型脓病有高度耐受性，适合在长江流域的夏秋季推广，在推行“秋种春养”区域亦可推广。

图 3–6　锦·绣 × 潇·湘的特征（左为幼虫，右为蚕茧）

2. 华·康 × 湘·泰

该品种系湖南省蚕桑科学研究所与中国农业科学院蚕业研究所合作，以“洞·庭 × 碧·波”为基础，导入 BmNPV 的抗性基因后深度改造成的斑纹全限性四元杂交家蚕新品种，二化（含有多化性血缘）、四眠，对由 BmNPV 引起的血液型脓病具有高度的耐受性。其蚕卵孵化齐一，蚁蚕体色黑褐色，正交蚁蚕较文静，反交蚁蚕逸散性较强。小蚕有密集性，生长发育齐快，各龄眠起齐一。壮蚕盛食期食桑旺，食下量较多，应充分饱食，蚕体结实粗壮，普通斑为雌，素蚕为雄。雄蚕营茧较快，雌蚕营茧较慢，大多结中上层茧，熟蚕有趋密性和背光性，在蔟室光线明暗不匀或上蔟过密条件下，双宫茧会增多。使用方格蔟上蔟，不仅双宫茧少，方格蔟顶部游蚕也明显较一般品种少。茧形长椭圆，匀整，茧色白，缩皱中等（图 3-7）。秋季茧层率 22.5%~23.0%，茧丝长 1050~1150 米，解舒丝长 800~900 米，茧丝纤度适中，洁净优，适合在我国长江流域夏秋季饲养。

图 3-7 华·康 × 湘·泰的特征（左为幼虫，右为蚕茧）

3. 韶·辉 × 旭·东

该品种系湖南省蚕桑科学研究所与苏州大学合作育成的四元杂交夏秋用家蚕品种，2020 年通过国家畜禽遗传资源委员会审定，二化（含有多化性血缘）、四眠。以韶·辉为母体的杂交种越年卵为青灰色及灰绿色，卵壳浅黄色，克卵粒数 1650 粒左右，克蚁头数 2300 头左右；以旭·东为母体的杂交种越年卵为灰紫色，卵壳白色，克卵粒数 1750 粒左右，克蚁头数 2400 头左右。蚕种孵化齐一，蚁蚕体色呈黑褐色。各龄食桑快，行动较为活泼，发育整齐，体质健壮，壮蚕食桑快且桑叶食下量大，素蚕，粗壮结实。老熟齐一，营茧快，多结中上层茧，茧型大且匀整，茧形长椭圆，茧色洁白，缩皱中等（图 3-8）。秋季茧层率为 21%~22%，茧丝长 950~1100 米，解舒丝长 750~900 米，纤度偏细，洁净优，对由 BmNPV 引起的血液型脓病有高度的耐受性，适合在我国南方蚕区与长江流域的夏秋季推广。

图 3-8　韶·辉 × 旭·东的特征（左为幼虫，右为蚕茧）

4. 两广二号

该品种育成名 932· 芙蓉 ×7532· 湘晖（简称 9· 芙 ×7· 湘），系广西壮族自治区蚕业推广总站与广东省蚕业研究所协作育成的家蚕品种。孵化齐一，蚁蚕体色为黑褐色，正交趋光性、趋密性强，反交逸散性强。各龄眠起齐一，食桑旺盛，活泼，体质强健，抗高温多湿性能强，易养，对叶质适应能力较好。壮蚕体色青白，素蚕，蚕体粗壮，老熟齐一，营茧快，茧形长椭圆，微束腰，茧色白，缩皱中等。秋季茧层率 20.5%~21.5%，茧丝长 850~950 米，纤度适中，净度优，适合于南方蚕区各蚕季与长江流域夏秋季饲养。

5. 华康二号

该品种系中国农业科学院蚕业研究所育成的对由 BmNPV 引起的血液型脓病具有高度耐受性的一对家蚕品种，2020 年通过国家畜禽遗传资源委员会审定。小蚕眠起快且齐一，就眠时间短，要及时匀座和扩座，适时调匾；壮蚕蚕体较为粗大，素斑，食桑旺盛、活泼，抗逆性、抗病力强；老熟齐，营茧快，要及时上蔟，密度宜稀，以减少双宫茧发生；茧形长椭圆，大而匀整，茧色白，缩皱中等，适合长江流域的夏秋季及南方蚕区饲养。

三、特色品种

1. 湘彩黄 1 号

该品种由湖南省蚕桑科学研究所与苏州大学合作育成，系天然黄色茧家蚕品种，适合在我国南方蚕区与长江流域的夏秋季推广。蚕种孵化齐一，蚁蚕体色呈黑褐色。幼虫素斑，体色青白，从腹足等处能辨其黄血，老熟时体色偏黄。各龄幼虫食桑快，行动活泼，发育整齐，体质健壮。熟蚕齐，营茧快，多结中、上层茧，茧形长椭圆，黄色茧，缩皱中等（图 3-9）。夏、秋季生产蚕茧的茧层率 20.5%~22.0%，茧丝长 800~1000 米，纤度偏细，洁净优。

图 3-9　湘彩黄 1 号的特征（左为幼虫，右为蚕茧）

2. 湘彩绿 1 号

该品种由湖南省蚕桑科学研究所与苏州大学合作育成，系天然绿色茧家蚕品种，适合在我国长江流域春季推广。孵化齐一，蚁蚕黑褐色，逸散性强。稚蚕期有趋光性，各龄眠起齐一，眠性快，注意匀蚕扩座。各龄食桑活泼，壮蚕期食桑快而旺盛，不踏叶，饲育容易。壮蚕体色青白，淡普斑，粗壮结实，但 5 龄期及蔟中抗湿性较差，应注意通风干燥。老熟齐，熟蚕体色淡米红色，喜结上层茧，茧形大而匀整，茧色绿，缩皱中等偏细（图 3-10）。春季茧层率为 24.0%~24.5%，茧丝长 1250~1350 米，纤度适中，净度优。

图 3-10　湘彩绿 1 号的特征（左为幼虫，右为蚕茧）

第三节　养蚕前准备

一、合理分批养蚕

根据湖南气候特点，一般全年可多季养蚕。即：春蚕、二春蚕、夏蚕、早秋蚕、中秋蚕、晚秋蚕。但具体什么季节养蚕、养多少则视当季气候条件、桑叶生长情况、劳动力多少、剪伐形式、蚕房蚕具及桑园病虫害等情况而定。批量养蚕应坚持“挖掘潜力，养足春蚕；养树为主，少养夏蚕；酌情分批，养好秋蚕”的原则。二春蚕是根据当前规模化、专业化养蚕趋势，桑园面积大，养蚕人员与设施相对不足的实际，实行分批养春蚕，逐渐形成的养蚕布局新方式，可充分发挥养蚕人员技术优势，提高设施设备利用效率，增产增收；早秋蚕与中秋蚕的饲养量要视桑叶生长情况、气候变化及是否养晚秋蚕而适当调节；养晚秋蚕应注意大蚕盛食期要在当地霜降到来之前，确保用叶有保障（表 3-1）。

表 3-1　湖南夏伐成林桑园全年分季养蚕布局方式及不同季节饲养量

蚕季	出库时间	收蚁时间	上蔟时间	饲养量（占春蚕比例）
春蚕	4 月中下旬	4 月下旬至 5 月上旬	5 月中旬至6 月上旬	100%
二春蚕	5 月上中旬	5 月中下旬	6 月中下旬	70%~100%
夏 蚕	6 月中下旬	6 月下旬至7 月上旬	7 月中下旬	15%~20%
早秋蚕	7 月下旬	8 月上旬	8 月下旬至 9 月上旬	35%~90%
中秋蚕	8 月上中旬	8 月中下旬	9 月中下旬	50%~90%
晚秋蚕	9 月上中旬	9 月中下旬	10 月中下旬	15%~30%

备注：此表中仅是针对 5 月下旬至 6 月下旬进行夏伐的成林桑园桑叶生长、成熟、老化规律而采取的季节性养蚕布局方式，在多批次滚动养蚕方式中时间与数量会发生一定变化，但均以适熟桑叶的及时利用为原则。由于湖南西部区域主要采取冬季重剪的剪伐形式，湘南区域冬至前后先进行了冬伐，夏伐时间则延至 7 月上旬，均与此表中传统的夏伐时间所对应的养蚕布局方式有差异，应根据桑树生长发育规律，综合多方因素，因地制宜进行合理的分批次养蚕布局。

二、养蚕数量确定依据

（一）必须坚持饲养量与桑叶产量相平衡

按照冬季水平剪梢、夏季伐条形式进行桑园管护，1 亩成林丰产桑园春季亩产片叶一般为 700~800 千克，或者产芽叶为 800~900 千克，夏秋季累计产片叶为 700~800 千克。但单位面积桑树的产叶量会因当地气候、桑树品种、剪伐形式、肥水管理、桑叶收获、桑树生长发育状况等不同而差异很大。目前，湖南高水平肥水管理的成林丰产桑园夏伐收获，春季亩产芽叶可达 1200 千克以上，夏秋季累计产片叶 900 千克以上。一般春季每生产 1 千克蚕茧需芽叶 14~15 千克，每张蚕种（以 5 龄期约 25000 头计算）需芽叶 650~700 千克；夏秋季每生产 1 千克蚕茧需片叶 13~14 千克，每张蚕种需片叶 550~600 千克。不同的家蚕品种会略有差异，要做到既不浪费桑叶，又不过量养蚕。

（二）必须坚持养蚕劳动力与饲养量相匹配

养蚕所需的劳动力因饲养水平、饲养方式、饲养季节、设施设备等不同而有差别。若小蚕采用叠框式共育，大蚕采用蚕匾育，则熟练饲养员每人可负担的养蚕量为：1~2 龄蚕期 16~25 张，3 龄蚕期 9~10 张，4 龄蚕期 2.5~3 张，5 龄蚕期 1.5~2 张，其中 5 龄蚕期不包括采叶用工。小蚕期用工会因共育规模有一定变化。夏伐密植桑园春季大蚕期每人每天可采片叶 250~300 千克，采芽叶 300~350 千克。辅半劳动力的饲养量与采叶量则视情况而定。大蚕采用蚕台育、地面育等省力化饲养方式可分别增加饲养量 80%、200% 左右。

（三）必须坚持蚕房蚕具与饲养量相配套

蚕房、蚕具及主要消耗物品所需的数量，应按所饲养蚕种数量来计算，每张蚕种需蚕座面积约为 34 平方米。小蚕室要能保温、保湿，大蚕室要能开窗对流，通风换气。蚕室不仅要远离烤烟、果园、菜园、砖瓦厂、化工厂等污染源，而且还要与猪、牛、羊圈等保持一定距离，确保养蚕安全、无毒害。3~5 龄蚕的饲育户还需配备的主要设施设备有桑园、贮桑室、消毒池、蔟沙处理池、消毒机、石灰喷粉机、切桑机、蚕架、给桑架、给桑篓、塑料薄膜、蚕蔟、干湿温度计、蚕台布、方格蔟或塑料折蔟等（表 3-2）。

表 3-2　一批养 5 张大蚕需要配套的主要设施设备

名称	单位	数量	备注
桑园	亩	6~15	桑叶多时多批次养蚕
贮桑室	平方米	25	
消毒池	口	2	2.0 米 ×1.0 米 ×0.6 米
蔟沙处理池	口	1	
高压消毒机	台	1	
石灰喷粉机	台	1	
中蚕切桑机	台	1	3~4 龄切桑用
大蚕网	张	80	3.0 米 ×1.45 米
蚕台布	张	40	3.0 米 ×1.45 米
塑料薄膜	千克	7.5	聚乙烯薄膜
蚕 架	个	10	

续表

名称	单位	数量	备注
蚕　蔟	片	1000	12 × 13 孔纸板方格蔟
漂白粉	千克	50	含有效氯 25% 以上
焦糠	千克	50	
三氯异氰尿酸、碳酸氢钠粉（蚕用）	袋	60	蚕体消毒 40 克装
石　灰	千克	150	新鲜块状
桑叶小推车	台	1	

注：饲育方式为蚕台育，每台蚕架按长 3 米、宽 1.5 米设计，4 层，每张蚕需 2 个蚕架。

三、蚕前消毒

蚕病防治是蚕茧丰收的重要保证，必须坚持“预防为主，综合防治”方针。蚕病发生与暴发的主要原因是由于一些养蚕户使用的消毒药品有效成分含量不够、有效期已过或消毒方法不当，甚至于忽视养蚕消毒等不同原因所导致的养蚕环境消毒不彻底。轻者影响蚕茧产量，重者颗粒无收。因此，在养蚕前必须进行彻底消毒。目前，在各蚕茧主产区普遍推广的蚕前消毒技术为“两消一洗”。即养蚕前 10 天用广谱性消毒剂对蚕室与附属室地板、天花板（或房内顶）及墙壁、周围环境进行第 1 次消毒，再对蚕室、附属室与各类蚕具分类清洗后进行第 2 次消毒。第 2 次消毒在养蚕前 1 周进行，可以先用广谱性消毒剂消毒，再在房间密封性允许的情况下增加 1 次熏烟消毒。蚕网、切桑刀、收蚁鹅毛等蚕具放入锅内，加水浸湿，堆放不宜过密，煮沸 15~30 分钟取出，收蚁鹅毛还可用消毒酒精消毒，晒干收藏；蚕匾、蚕架、给桑架、切桑板、蚕蔟、塑料薄膜、拖鞋、给桑箔、采桑篓等清洗日晒，消毒晾干，收入蚕室、附属室待用。如进行熏烟消毒则各类蚕具也一并消毒。在第 1 次消毒后的具体消毒步骤如下（图 3-11）：

扫：搬出蚕具，将蚕室、附属室及周围环境彻底打扫干净，各类蚕具全面卫生清理，旧蔟纸、杂草等清理出来的垃圾要做消毒堆肥或深埋消毒处理。

洗：对蚕室、附属室与蚕具中凡能用水冲洗的地方用清水冲洗干净，不能用清水冲洗的地方要擦洗干净，洗净后的蚕具要放在阳光下晒干。用干净水冲刷蚕室内外墙壁、地面与门窗。

刮：蚕室、附属室和周围的泥地面应刮去约 1 厘米厚的表土，水泥地面刮死蚕污迹，用 20% 石灰浆粉刷泥墙。垫上干净新土，刮出物不应倒在蚕室及桑园附近，应与清扫出的垃圾一样处理。

消：用 1% 漂白粉液等消毒药剂对蚕室、附属室、蚕具及周围环境等喷洒或浸渍消毒（图 3–12）。

熏：如房间密闭条件较好，可在收蚁前一周用烟熏剂对消毒后的蚕室、附属室、蚕具进行烟熏，1 昼夜后开门窗换气，散尽气味待用。

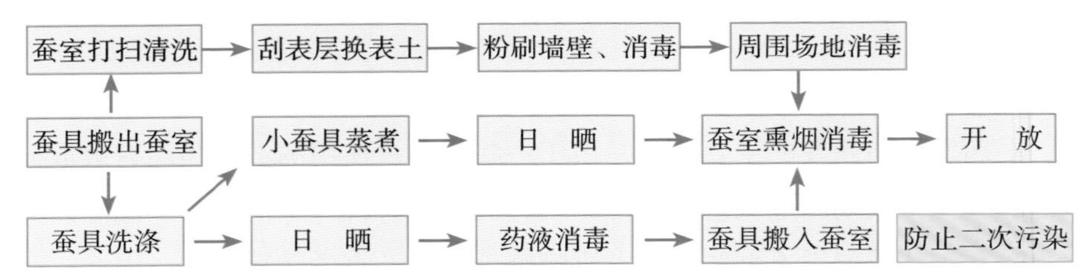

图 3–11　养蚕前第 1 次消毒后蚕室、蚕具与环境的消毒程序

图 3–12　专用消毒池与蚕室内漂白粉液消毒

四、常用环境消毒药物及其使用方法

对蚕室、蚕具以及周围环境消毒，应根据消毒对象选用合适的消毒药剂，掌握好药剂浓度、用量、温湿度与消毒时间（表 3–3）。

表 3-3 常用蚕房、蚕具、环境消毒药物及其使用方法

药剂名称	药品成分	药量	时间	药液配法	消毒方法	注意事项
漂白粉液（又名含氯石灰液）	含有效氯不得少于25.0%	100平方米用澄清液22.5千克（225毫升/米^2）	消毒时保持湿润30分钟，桑叶消毒不少于10分钟	配制时先将粉状物加少量水捣成糊状后，再加入目标水量。用于蚕室、蚕具及养蚕环境消毒时，配成含有效氯1%的溶液进行喷雾消毒或浸渍消毒，喷雾消毒的用量为225毫升/米^2，并保持湿润30分钟；用于蚕期中地面消毒时，配成含有效氯0.35%~0.5%的溶液进行喷雾消毒；用于桑叶叶面浸渍或喷雾消毒时，配成含有效氯0.35%的溶液	（1）消毒前洗净蚕室、蚕具；（2）蚕室用喷雾器喷洒或泼洒消毒，蚕具喷洒或浸渍。保湿30分钟；（3）消毒后不必水洗，但要充分干燥	（1）配药前测定漂白粉有效氯含量，根据含量加水调配，当天用药当天配制；（2）不能接触金属、纤维、电器，以免损坏；（3）桑叶叶面消毒要注意有效氯浓度的准确性，浓度过高桑叶质量严重受损，一般消毒时间不少于10分钟
福尔马林石灰混合液	含甲醛不得少于36.0%，石灰1%	喷洒消毒用量180毫升/米^2	消毒时保温24℃以上，密闭5小时以上	福尔马林以含甲醛36%计算，每1千克福尔马林加水17千克，然后再在该药液中加1%的新鲜石灰粉，搅匀后使用	（1）消毒前洗净蚕室、蚕具；（2）蚕室用喷雾器喷洒或泼洒消毒，蚕具喷洒或浸渍。25℃保持5小时以上，密闭一昼夜	（1）消毒药须当天配制，当天用完；（2）甲醛有刺激性，消毒时戴防毒面具，或用湿毛巾掩口鼻；（3）消毒后不必水洗，蚕具要充分干燥

续表 1

药剂名称	药品成分	药量	时间	药液配法	消毒方法	注意事项
石灰浆	2% 石灰浆	100 平方米用石灰浆 25 千克	保持湿润30分钟	每 100 千克水加入新鲜石灰粉 2 千克	蚕室、场地用喷洒，蚕具用浸渍，消毒后不必水洗，充分阴干	（1）石灰粉务必新鲜，最好用块灰临时加水化开使用； （2）配好药后，一边搅拌，一边消毒，防止石灰沉淀
三氯异氰尿酸、碳酸氢钠粉（蚕用）	为二元包装，100 克包装组分为 80 克三氯异氰尿酸 +20 克碳酸氢钠	225 毫升 / 米^2	保湿 30 分钟	1∶250 稀释	蚕室蚕具喷雾消毒的使用浓度和用量为 1∶250 稀释、225 毫升 / 米^2，保湿 30 分钟。桑叶叶面消毒使用浓度为 1∶1000 稀释，喷雾至叶面湿润，并保持湿润 10 分钟	（1）防止接触明火或过激震荡； （2）对金属和纺织品有腐蚀和漂白作用； （3）对人体有刺激作用； （4）防止原液包装损坏和原药混合； （5）即配即用； （6）遮光、密封、干燥保存
复合次氯酸钙粉（蚕用）	次氯酸钙的有效氯不低于 50.0%，磷酸三钠的含量不低于 95.0%。100 克装：次氯酸钙 30 克，磷酸三钠 70 克	225 毫升 / 米^2	保持湿润30分钟	使用浓度为 250 倍液，即市售制剂 100 克（次氯酸钙 30 克，磷酸三钠 70 克），加水 25 千克。配制时先将次氯酸钙加少量水捣成糊状后，加入目标水量，最后加入磷酸三钠	进行喷雾消毒或浸渍消毒，喷雾消毒的用量为 225 毫升 / 米^2，并保持湿润 30 分钟	（1）禁与农药或其它消毒药剂混放或混用； （2）在遮光、密封、干燥环境中保存

续表 2

药剂名称	药品成分	药量	时间	药液配法	消毒方法	注意事项
二氯异氰尿酸钠、多聚甲醛粉（蚕用）	（1）50 克装：二氯异氰尿酸钠 38 克＋多聚甲醛 12 克； （2）100 克装：二氯异氰尿酸钠 76 克＋多聚甲醛 24 克； （3）250 克装：二氯异氰尿酸钠 190 克＋多聚甲醛 60 克	蚕室蚕具消毒 5 克/米^3，蚕体蚕座消毒 1.5 克/米^3	对蚕室蚕具应密闭门窗，保温、密闭 12 小时以上	熏烟剂大小 2 包混合均匀，装入原药袋，每袋不超过 0.25 克	以 19：6 混合后倒入易燃纸袋内，点燃纸袋使之发烟，密闭蚕室（以 25℃以上为佳）进行蚕室蚕具熏烟消毒，用药量和密闭时间分别为 5 克/米^3、12 小时。蚕体蚕座的熏烟消毒，用药量和密闭时间分别为 1.5 克/米^3，30 分钟	（1）补湿； （2）地面补消； （3）蚕室熏烟时，必须密闭
复方多聚甲醛粉（蚕用）（原名毒消散）	100 克装：多聚甲醛 60 克＋苯甲酸 20 克＋水杨酸 20 克	3.75 克/米^3	密闭门窗，保温、密闭 5 小时	每锅不超过 0.5 千克	蚕室经充分补湿后，密闭蚕室，保持室温 25℃或以上，将药品（不超过 500 克）平摊于经木炭烧红的铁锅上，使其发烟即可，关闭门窗 5 小时后，开窗通气。使用量为 3.75 克/米^3	（1）消毒前蚕室应密闭、补湿； （2）毒消散易燃、易爆，注意安全，防火力过猛着火，防火力过弱熏不透，药熔化不尽； （3）蚕具架空不能近火源； （4）蚕室地面应补消； （5）有强烈刺激性气味，注意保护
三氯异氰尿酸烟熏剂（蚕用）	有效氯（C1）不得少于 47.5%	5 克/米^3	密闭 5 小时		蚕期前蚕室、蚕具消毒，5 克/米^3。将药装入纸袋，放置于陶瓷钵子中，关闭门窗，点燃纸包，密闭烟熏 5 小时以上	（1）主辅剂混合后遇火即自动冒烟，注意防火； （2）对金属、纺织品有腐蚀作用； （3）对人体有刺激作用； （4）遮光、密封、干燥、阴凉保存

专家指点：若上个蚕期僵病发生较多，在完成喷洒消毒后，应增加烟熏消毒作为补充消毒。烟熏前要将门窗、缝隙糊好，再补湿升温。根据蚕室体积，用足药量，保证烟熏时间。

第四节　蚕种催青

一、催青

催青是蚕茧生产丰收的关键环节之一。将已经活化的蚕卵，根据其不同发育阶段给以合理的温度、湿度、空气、光线条件，将蚕种控制在预定日期孵化，并达到孵化齐一、孵化率高、化性稳定、蚁蚕强健的目的。一般春季催青时间为 10~11 天，秋季催青时间为 8~9 天。催青时间长短主要受温度湿度影响，温度越高，湿度越大，催青时间越短。

二、催青时期的确定

蚕种均是保护在专业冷库，因此从蚕种冷库拿种至催青室催青的过程又称为出库。桑芽的发育程度是决定蚕种春季出库日期的直接依据，在出库前 20 天，选择栽植面积较大、代表性强的桑树品种调查其桑芽发育情况。出库时间以湖桑开叶 3~4 片、“湘 7920” 开叶 5~6 片为出库适期（图 3−13），同时还要参考其历年催青的历史资料与当年春季的气象条件。

图 3−13　出库时“湘 7920” 开叶情况

秋季蚕种出库日期要力避将来大蚕期桑叶硬化和高温威胁。一般在干旱地区与年份，桑叶硬化早，应适当提早出库；气温不高，雨量充足，桑叶硬化迟的地区与年份可适当推迟。除湘西、怀化等部分蚕区外，湖南春季养蚕后桑树均采取夏伐，夏秋季出库时间与各季养蚕数量可参考表 3-1。

三、催青标准

为了节约催青成本、保证催青质量、利于消毒统一与蚕茧批量收购，目前均采取统一催青。催青标准可在春季采取渐进升温法（根据胚胎发育阶段逐步提高温湿度，见表 3-4），秋季可采取二段式催青标准，有多化性血缘的品种催青后期温度均要提高 0.5～1℃（表 3-5）。

表 3-4　春蚕一代杂交种催青标准

催青日期	出库当天	1	2	3	4	5	6	7	8	9	10	11
胚胎发育阶段	丙 1/丙 2	丙 2	丁 1/丁 2	戊 1	戊 2	戊 3	己 1	己 2	己 3	己 4	己 5	孵化
目的温度/℃	16～17	20	21	22	24	25～26		25～26				
干湿差/℃	1.5	2	2.5	2.5	2.5	2		1～1.5				
感光	自然光线					己 4 前每天感光 18 小时，己 4 后全天黑暗至感光孵化						

表 3-5　夏秋蚕一代杂交种催青标准

催青		胚胎发育阶段	目的温度/℃	干湿差/℃	感光
期别	日期				
前期	1～4 天	丙 2～戊 2	24.0	2～2.5	自然光线
后期	5 天至孵化	戊 3 至孵化	25.5～26.5	1～1.5	己 4 前每天感光 18 小时，己 4 后全天黑暗至感光孵化

专家指点：催青室应建在养蚕集中的中心区域，既能满足保温、保湿、换气方便等条件，且无农药、烟草、汽油、大气等污染。在蚕种出库前一周做好催青蚕室与工具的消毒准备，催青时也必须每天消毒1次。在催青过程中，必须把蚕种位置上下、左右、内外进行调换，每天2次；散卵要轻轻摇动卵面，使卵粒在盒内分布均匀。同时保持室内空气新鲜，每天上午、下午各换气1次，每次15分钟。

四、发种与补催青

在催青后期，当绝大部分蚕卵变成青灰色（转青，己5）时，蚕种过一夜即可收蚁。湖南一般是在点青期（此时蚕种一端有小青点，己4）将蚕种分发到各分散的养蚕户或共育室待收蚁。为了对发种日期进行准确预测，己3胚胎后应密切注视各批次的见点时间，并于发种前2~3小时逐渐将温度调至自然温度。如果领种距离较远、运输条件差或计划发种当天预报为高温暴雨，须提前1天分发蚕种（图3-14）。当分发的同批次蚕种达到80%点青时即应进行包种黑暗，在标准温湿度条件保护下至第三天清晨就可感光收蚁。

负责前期统一催青的单位要提前2天发出领种通知。领种的前1天将用于补催青蚕房的温度升到23℃，干湿差2℃。蚕种到达补催青蚕房后，在红光灯下将蚕卵平摊在铺有白纸的共育蚕匾内（白纸光面朝上），上盖一张白纸（白纸糙面朝下），白纸上再盖一层红纸或黑布，房间完全黑暗。目前，很多地方散卵平摊黑暗改用收蚁袋，平摊均匀快捷，黑暗操作简单。其方法是将蚕卵沿收蚁袋口倒入收蚁袋内，两手平端收蚁袋，轻轻摇动，听无声音，即达到每粒蚕卵粘在收蚁袋的黑纸上，再补加半汤勺消毒沙，再次平端摇匀，确保袋内未粘满蚕种的胶点粘上消毒沙，避免以后粘上孵出的蚁蚕，最后黑面朝上摆放、黑暗蚕室（图3-14）。此时温度逐渐升至25~26.5℃，干湿差1~1.5℃，直至感光收蚁。这种将催青后期蚕种领回专用蚕房后，继续按照催青标准进行蚕种的后期保护与遮黑处理，直至感光收蚁的技术处理过程，就是补催青。

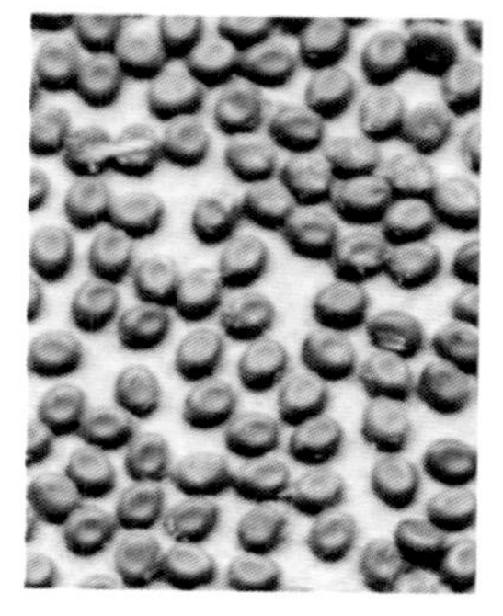

刚出库蚕种（放大）

点青蚕种（放大）

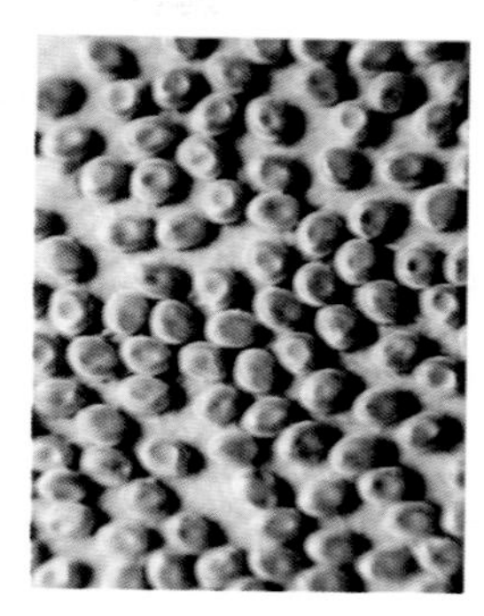

转青蚕种（放大）

红光下摊散卵蚕种（左图直接平摊散卵，右图收蚁袋摊散卵）

图 3-14　蚕种重要胚阶的卵色变化及散卵摊种处理

专家指点：领用补催青蚕种应在早晨或傍晚进行，运种的工具要清洗消毒，严禁接触化肥、农药、油类等有强烈气味的物品。蚕种包装用通气的竹木筐或纸箱，散卵盒逐一平放，不可堆压过高，防止雨淋和剧烈震动，严禁日晒与高温闷热，点青后领种途中应遮光保护。若补催青蚕种早上见少量苗蚁，第 2 天就可感光收蚁；若晚上才见少量苗蚁，第 3 天方可感光收蚁。

第五节　小蚕饲养

一、小蚕的生理特点

1~3龄蚕为小蚕。常说“小蚕长体质、大蚕长丝腺”“养好小蚕一半收”，均是强调养好小蚕为养蚕生产的关键。小蚕的生理特点：一是家蚕是变温动物，小蚕单位体重的体表面积大，皮肤的蜡质层薄，散热、散湿快，因此，小蚕耐高温多湿能力强；二是小蚕生长速度快，需要桑叶含水率高、含蛋白质等营养成分高，要选择适当叶色、叶位桑叶，良桑饱食，超前扩座，及时眠起处理；三是小蚕趋光性、趋密性强，移动范围小，匀座、调桑、给桑需操作精细，还需经常上下、左右调匾，以及前后调头；四是小蚕对病虫害抵抗力弱，需严格消毒、防毒。

二、收蚁

收蚁是指把已经孵化的蚁蚕收集起来，移置到蚕匾内饲养的操作过程。一般春季在早晨6点、秋季在5点开始感光，春季在8~9点、秋季在7~8点开始收蚁为好。如果孵化不齐，可将未孵化蚕种继续黑暗处理，准备第二天收蚁。收蚁方法中散卵有网收法、绵纸吸引法、袋收法等。收蚁必须做到“四不两匀三分开”，即：不损伤蚕卵、不损伤蚁体、不遗失蚁蚕、不饥饿蚁蚕，蚕卵薄摊均匀、蚁蚕分布均匀，蚕卵、蚁蚕和卵壳三者要分开。

（一）网收法

在散卵蚕种黑暗处理时，在摊平散卵四周用优氯净防僵粉或新鲜石灰粉围座，以防刚孵化的蚁蚕逸散。收蚁时在卵面上盖双层蚕网，待蚁蚕出齐，在网上撒收蚁量4~5倍的细条桑叶，约15分钟蚁蚕全部爬到网上后，把上面的一只网提到另一只垫有白纸的空匾中，进行定座与蚁体消毒。一般给桑2次后去网（图3-15）。另外，打孔薄膜（孔径1~2厘米，孔距4厘米，四边留5厘米不打孔）收蚁法也适合于散卵收蚁，具体操作与网收法基本一致。

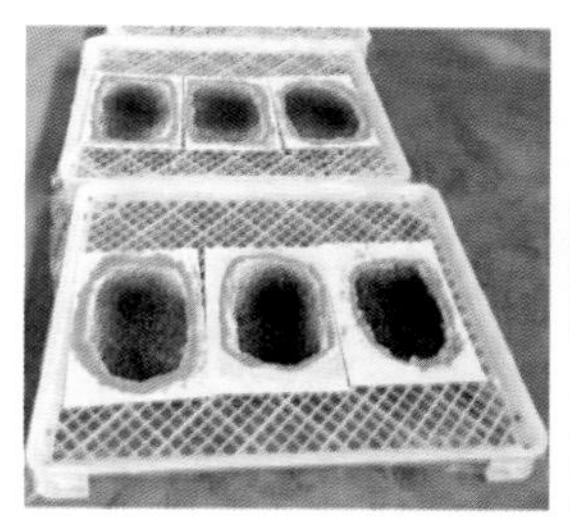
感光

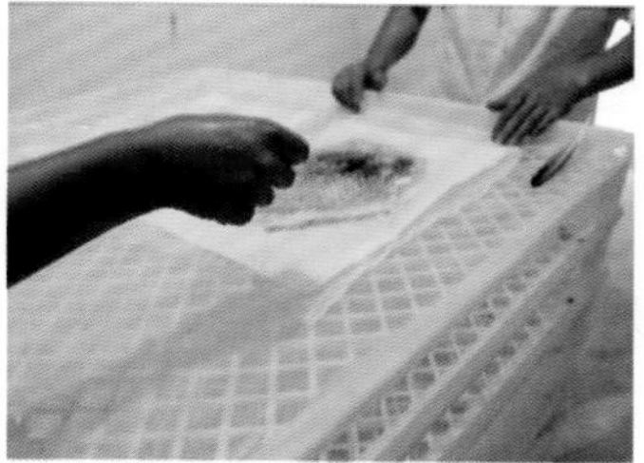
加双层网

撒孵出桑

丝桑定座

消毒

方桑给叶

图 3-15 网收法收蚁

（二）绵纸吸引法

收蚁当天早晨将白绵纸覆盖于卵面，平放在蚕匾上感光。收蚁时将条桑撒在绵纸上，20~30 分钟，去掉桑叶，将绵纸翻过来，放到另一只蚕匾上，再给桑。如蚕座纸上还有蚁蚕，可切小条叶吸引蚁蚕。其余与网收法相同。

（三）袋收法

收蚁当天早晨将收蚁袋白绵纸面向上，平放在蚕匾上感光（图 3-16）。收蚁时将条桑撒在绵纸上，20~30 分钟，去掉桑叶，将绵纸四周揭开翻过来，放到另一只蚕匾上，给桑喂蚕。如蚕座纸上还有蚁蚕，可切小条叶吸引蚁蚕。其余与网收法相同。

图 3-16 将收蚁袋白绵纸面朝上感光

收蚁前 1~1.5 小时温度升到 25℃，结束后升至目的温度。春季收蚁用叶淡绿稍黄色，稍有缩皱，手触柔软的第 2~3 叶位叶，切成蚁蚕长度的 1~1.5 倍见方。

三、小蚕共育

把小蚕集中在有专用桑园与蚕室、饲养技术过硬、设施设备完善的单位或专业户饲养，至 3 龄或 4 龄饷食除沙后，分发给各分散的养蚕户饲养的分段养蚕法称为小蚕共育（图 3-17）。它还利于节省劳力成本及防病消毒，满足小蚕的基本生理要求，特别是在多批次滚动养蚕区域更应推行小蚕共育，做到大小蚕饲养专业化，实现技术的集约化。浙江淳安等地还推行了将小蚕延续共育至 4 龄 1 天后，再分发至各大蚕饲养户的“十天养蚕法”。共育的形式有联户共育、合作社合作共育、公司专业共育等。共育室建设选址必须选在无工业及农药污染源，远离大蚕室、上蔟室、蚕沙池，且水电完善、交通便利的地方。标准化小蚕共育室内应设天花板，墙壁与地面硬化，有对流窗，光线均匀，保温、保湿，配有催青室、调桑室、贮桑室（含贮桑缸）、小蚕发放室（区）、晒场等。除了专用共育蚕室及其附属设施外，还需专用桑园与专用蚕具，如蚕匾、蚕网、加温补湿电器等常规设备，特别是需要配备专业化养蚕技术人员 1~2 名，这对共育成败至关重要（图 3-18）。

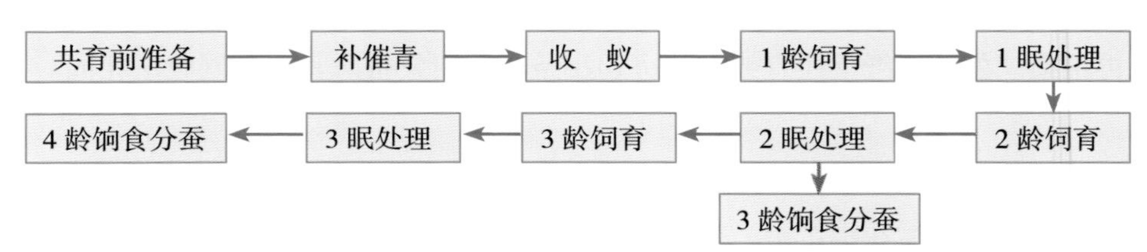

图 3-17　小蚕共育流程（既可共育至 3 龄饷食分蚕，也可共育至 4 龄饷食分蚕）

专家提示：共育 50 张小蚕的标准化共育室采用叠框式小蚕共育技术，需蚕房面积为 32 平方米，其中饲养室面积 17 平方米、贮桑室 6 平方米、操作间 9 平方米。小蚕专用桑园 8~10 亩。一般 1 龄需养蚕人员 2 人，2 龄需养蚕人员 3 人，3 龄需养蚕人员 5 人。为了提高共育效率与蚕作安全性，必须具备 1 台高压液体消毒机、1 台喷粉消毒机（含电动撒粉筛）、1 台切桑机、1 口专用消毒池、1 口蚕沙处理池等（图 3-19）。

小蚕共育场（含晒场，蚕种发放区）

小蚕共育室（内景）

叠式蚕盆与共育车

专用贮桑室（含贮桑缸）

专用桑园

图 3-18　小蚕共育室主要基础性设施与常规设备

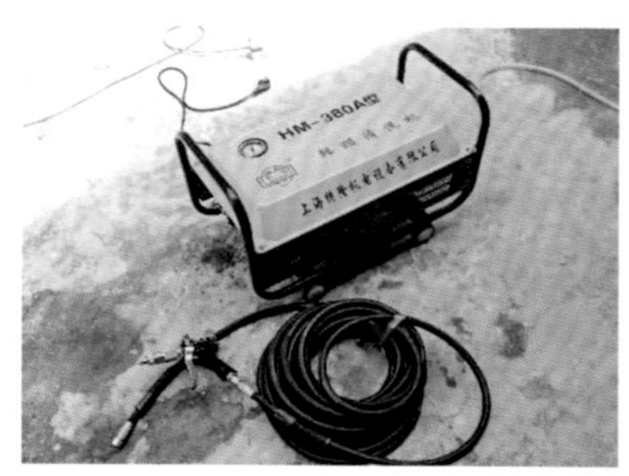

消毒机

防僵消毒电动喷粉机

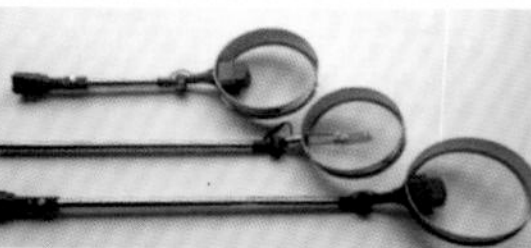

电动撒粉筛

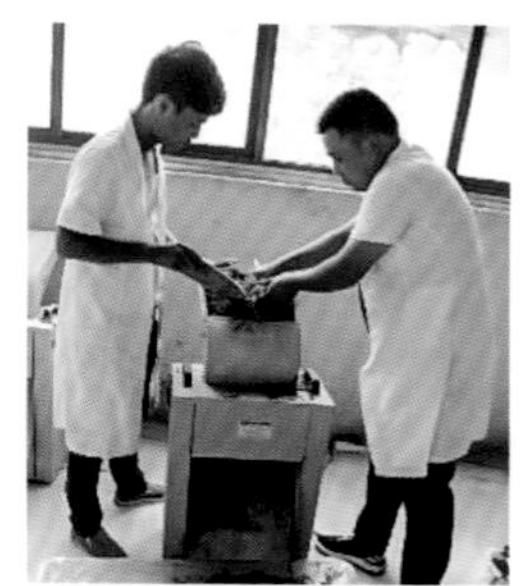

切桑机

专用消毒池

蚕沙处理池

图 3-19　标准化小蚕共育室必须配备的“五个一”设施设备

四、小蚕饲养技术

（一）精选小蚕用叶

小蚕生长发育快，体重增长迅速，应根据蚕儿发育采摘各龄适熟叶，做到颜色、厚薄、软硬、老嫩一致，不采雨水叶、虫口叶和过老过嫩叶。春蚕期与雨水期应以晚采为主，夏秋季应以早采为主。阴雨天应在下雨间隙采叶，露水天应在露水稍干后采叶。采回的桑叶要合理贮藏，保持叶质新鲜。一般贮藏时间不宜过长，以半天至 1 天为宜。1~2 龄桑叶保鲜效果较好的贮藏方法主要有缸贮法与活水贮桑法。缸贮法就是缸底盛放清水，上置竹垫，中央放气笼，把采回的桑叶抖松后放在气笼四周，缸口盖上湿布；活水贮桑法就是在贮桑室内砌 1 个长方形浅槽，槽底略倾斜，便于排水，在槽底铺一张塑料薄膜，放上一层 4~5 厘米厚的细石子（先清洗消毒），灌上略低于细石子顶面的清水，桑叶叶柄插入细石子中，上加拱覆盖湿布。贮桑用具要定期清洗、日晒、消毒。

专家指点：春季各龄小蚕用叶标准为：收蚁当天用叶淡绿稍黄色，生长芽第 2~3 叶；1 龄用叶嫩绿色，生长芽第 3~4 叶；2 龄用叶绿色，生长芽第 5~6 叶；3 龄用叶深绿色或三眼叶。秋季各龄小蚕用叶标准应以叶色为主（图 3-20），但因气候变化大，水肥管理迥异，叶质老嫩较难把握，可利用托叶法作为选叶参考，即：收蚁当天为托叶未变成褐色的最下一叶；1 龄叶位为托叶尖端开始变褐色，渐变小；2 龄叶位为托叶渐变为全褐色，开始萎缩但未脱落；3 龄叶位托叶脱落。

（二）控制好温湿度及光线标准

必须确保小蚕 1 龄期温度控制在 27~28℃，干湿差 0.5~1℃；2 龄期温度控制在 26~27℃，干湿差 0.5~1℃；3 龄期温度控制在 25~26℃，干湿差 1~1.5℃。各龄眠中降低 0.5~1℃（图 3-21）。为了确保合理的温湿度与桑叶保鲜，1~2 龄小蚕均采取全防干育，即用打孔的塑料薄膜（孔径大小约 2 毫

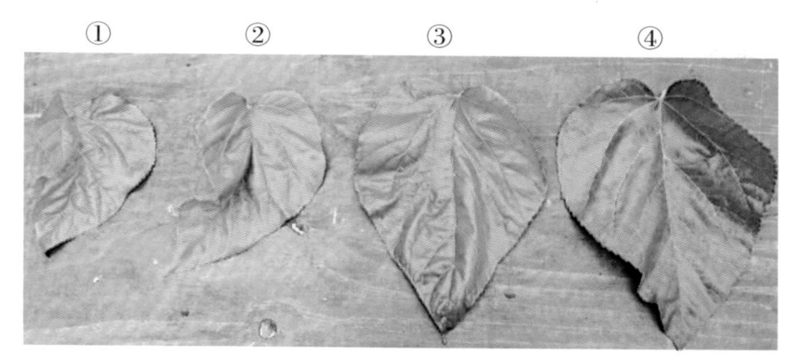

①收蚁及当天用叶淡绿稍黄色，② 1 龄用叶嫩绿色，③ 2 龄用叶绿色，④ 3 龄用叶深绿色

图 3−20　各龄小蚕适熟叶叶色（秋季湖桑）

米，孔距 2~3 厘米）上盖下垫，四边折叠；3 龄小蚕均采取半防干育，即用打孔塑料薄膜上盖下不垫。眠中揭去上盖薄膜，促蚕座干燥，薄膜进行消毒备用。防干育对桑叶保鲜效果较好，一般每日给桑 2~3 回即可。每天结合给桑时间，打开门窗换气 30 分钟。每次给桑前，提前 15~20 分钟揭开薄膜，促进蚕座干燥，以防产生伏䖳蚕。小蚕具有趋光性，要保证共育室光线均匀。

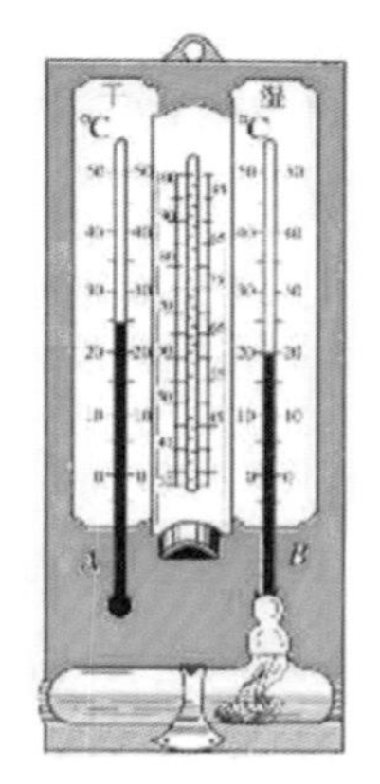

图 3−21　干湿温度计

（三）精心调桑、给桑

把桑叶切成目的大小与形状的过程称为调桑。不同发育阶段的蚕儿对细块桑叶的大小与形状均有要求上的差异。一般 1~2 龄蚕的条形叶以蚕儿体长 1~1.5 倍为宽，2~2.5 倍为长，方形桑叶则以蚕儿体长 1.5~2 倍见方为宜。扩座匀座用细条形的丝桑（以蚕儿体长 1 倍为宽，5~6 倍为长），给桑用方形桑或条形桑。收蚁、饷食、少食期、催眠期略小，盛食期略大；给桑回数多略小，给桑回数少略大；每个龄期的龄初小，龄中大，龄末小。至于 3 龄用叶则以粗切三角叶（体长的 1.5~2.5 倍）为宜。

每天给桑量与给桑次数应以蚕儿发育、桑叶凋萎速度为依据而定，每次给桑量还可参考上次给桑后残桑量。采用 1~2 龄全防干育、3 龄半防干育的饲育形式，可每天给桑 2~3 回，收蚁、饷食、少食期、催眠期少给，盛食期多给。小蚕期蚕儿具有趋光性与趋密性，给桑时要匀蚕给桑，给桑后要上下、左右、前后调匾。给桑应按一撒、二匀、三补、四整，先四周，再中间撒桑的步骤进行，做到厚薄均匀，条条蚕儿食饱。1~2 龄给桑层数少，3 龄给桑层数多。一日三回育时盛食期一般 1~2 龄给桑 2 层，3 龄给桑 2~2.5 层，中食期少给 0.5 层，少食期、催眠期只给 1~1.5 层，压眠（只有部分蚕食桑，其它将眠或入眠）时薄补些许新鲜桑叶。

（四）及时扩座除沙

小蚕生长迅速，移动范围小，必须及时扩座、匀座（图 3-22）。要求给 1 次桑、扩 1 次座、匀 1 次蚕。除沙是一项非常重要的工作，可以防止蚕座蒸热发酵，减少病原的存在与传染。一般要求：1 龄蚕眠除 1 次；2 龄起除、眠除各 1 次；3 龄起除、眠除各 1 次，如蚕座蚕沙厚，还应中除一次。加网给桑 1~2 次后提网除沙。扩座、除沙时一定要仔细，防止损伤蚕体和丢失健康蚕。若为了省工而减少除沙次数，则必须做好调桑、给桑，以免蚕沙过厚引发蒸热与感染，并勤用、多用干燥材料与消毒药品。综合各地经验，采取 1~3 龄蚕共育的除沙次数可调整为：1 龄蚕不眠除；2 龄起除、眠除各一次；3 龄起除、眠除各一次；4 龄起除后分蚕。

图 3-22　扩座与匀座操作（左为丝桑扩座，右为匀座）

（五）搞好眠起处理

各龄小蚕发育到一定程度，就得入眠蜕皮。在入眠、就眠、眠起这一过程中，对不良环境抵抗力较弱，如果处理不当，会影响蚕儿健康，造成发育不齐，所以眠起管理必须认真细致（图 3-23）。

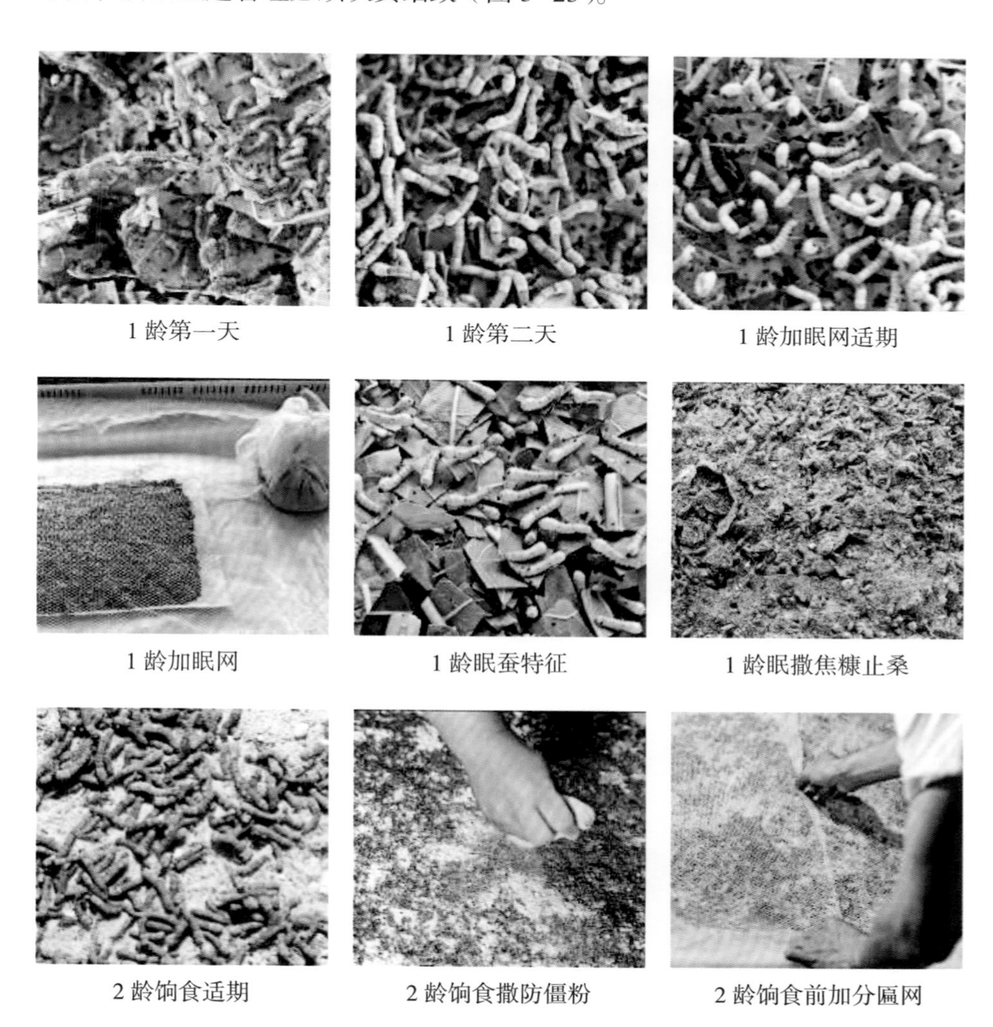

1 龄第一天　1 龄第二天　1 龄加眠网适期

1 龄加眠网　1 龄眠蚕特征　1 龄眠撒焦糠止桑

2 龄饷食适期　2 龄饷食撒防僵粉　2 龄饷食前加分匾网

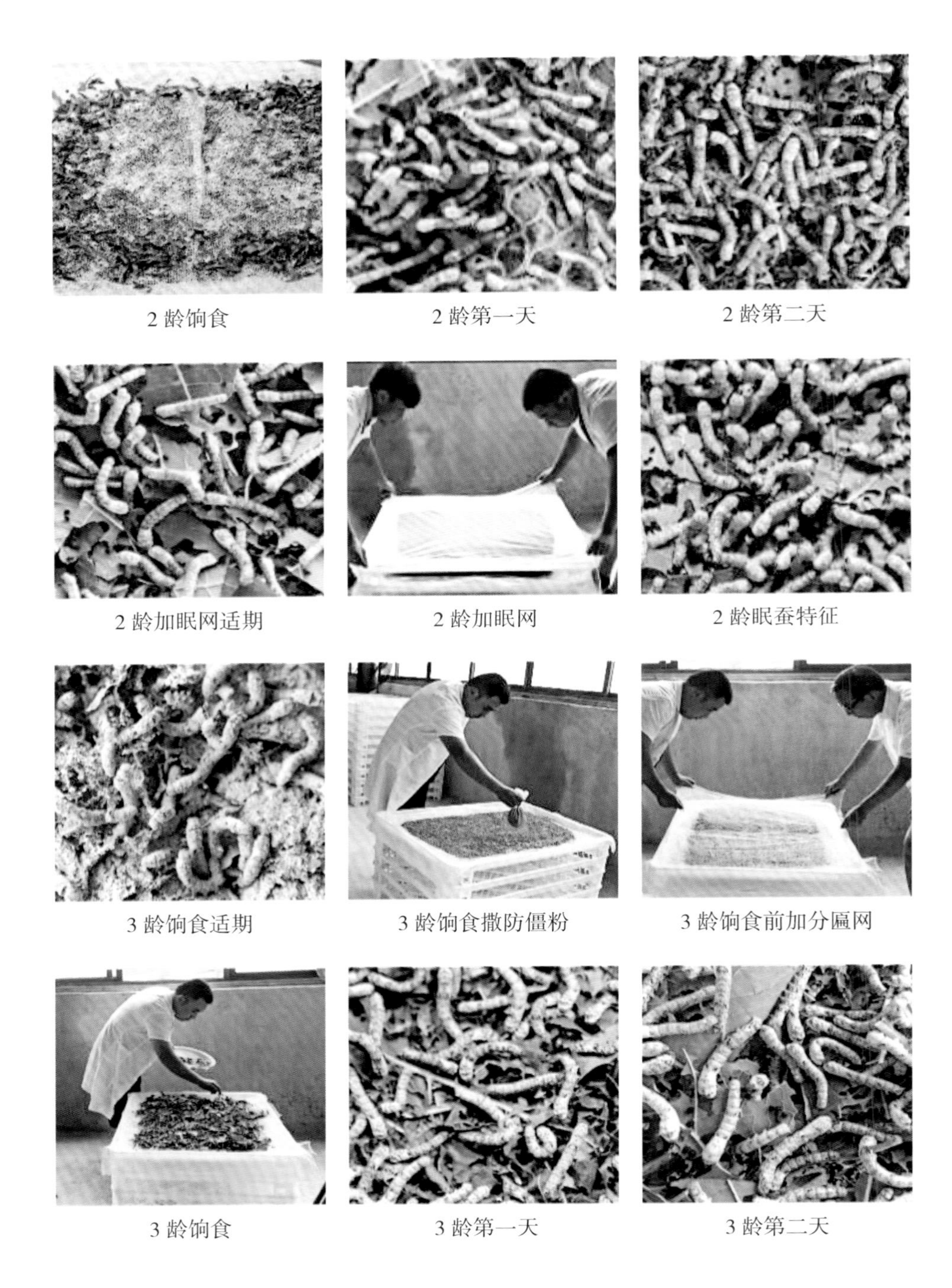
2 龄饷食　2 龄第一天　2 龄第二天
2 龄加眠网适期　2 龄加眠网　2 龄眠蚕特征
3 龄饷食适期　3 龄饷食撒防僵粉　3 龄饷食前加分匾网
3 龄饷食　3 龄第一天　3 龄第二天

3 龄加中除网　3 龄加眠网适期　3 龄加眠网
3 龄眠蚕特征　3 龄止桑提青　3 龄眠蚕在蜕皮

图 3-23　小蚕发育特征与关键技术处理示意图

1. 适时加眠网

一般根据蚕的发育过程中体形体色、食桑行动的变化来决定。1 龄在盛食后期蚕体开始发亮紧张，有部分蚕身上黏有蚕沙，体躯缩短，体色呈炒米色时加眠网；2 龄有半数蚕儿身体紧张发亮，由青灰转为乳白色，食桑行动呆滞，有蚕驮蚕现象时加眠网；3 龄在大部分蚕体壁紧张，体色由青灰转乳白色，蚕体肥短，并有个别将眠蚕时可加眠网。在适温下各龄蚕加眠网大致时间如下：1 龄蚕约在收蚁 2 足天后，蚕体呈炒米色；2 龄蚕约在饷食后 36~40 小时，部分蚕体呈乳白色；3 龄蚕约在饷食后 2 足天，出现个别将眠蚕。因品种不同、天气变化而会有所差异，但小蚕期宜略偏早。

2. 饱食就眠

加眠网后，在蚕儿就眠前用桑必须新鲜，切桑比盛食期要偏细，给桑间隔时间要偏短，以促饱食就眠。

3. 及时提青分批

当 90% 蚕儿入眠时，即可止桑。可在撒灰前 30 分钟揭膜，促蚕座干燥与未入眠蚕儿加速入眠。止桑时先撒“三七”糠，再加网喂叶，使未眠青蚕爬上蚕网食桑，30 分钟后提网隔离青蚕。蚕座上撒灰，既可干燥消毒，又可防止早起蚕啃食残桑。提出的弱小蚕、病蚕应彻底淘汰。如整个批次密度大或发育不齐，提出的青蚕较多，就应集中放在蚕架高处饲养，以促其就眠。5~6 小时后再次提青，还未就眠的“青上青”蚕儿应予全部淘汰。

4. 加强眠中保护

眠中经过时间各龄会有所不同，1~2 龄眠中为 20~22 小时，3 龄眠中约 24 小时。为减少眠蚕体力消耗，眠中温度要比食桑时温度降低 0.5~1℃；在眠中前期干湿差加大 0.5℃，以保持眠中环境干燥，见起后适当补湿，以利于蚕儿蜕皮。眠中光线要稍暗而均匀，避免日光直照和强风直吹蚕座（图 3–24）。

图 3–24　眠中保护

5. 适时饷食

蚕儿眠起后第一次给桑称为饷食。饷食过迟，起蚕到处乱爬，消耗体力，影响体质；饷食过早，起蚕口器嫩，会伤及口器，导致食桑困难。当有 98% 的头部呈淡褐色，头部左右摆动，呈求食状态，此时为饷食适期。饷食前先撒粉剂蚕药进行蚕体蚕座消毒，再加网给桑，给桑量一般为前一龄盛食期的 80%。

（六）严格消毒防病

小蚕对病菌抵抗力弱，对其严格消毒是养好蚕的基础。收蚁、饷食、加眠网要用防僵粉消毒，蚕期每天用新鲜石灰粉消毒 1 次，眠期用“三七”糠止桑，给桑后用含有效氯 0.35% 的漂白粉澄清液对蚕房地面消毒；注重蚕室内外环境及养蚕人员自身的卫生，采叶前、进蚕室前、给桑前、除沙后要洗手；蚕室门口撒石灰粉，换鞋踏灰入室；蚕网、薄膜、贮桑室定期消毒，未经消毒的蚕具不能带入共育室使用，采桑、给桑和除沙工具不能混用；室外备放石灰缸，发现有病蚕、弱小蚕以及迟眠蚕应严格淘汰，淘汰的病弱蚕必须投入石灰缸中，对病死蚕应进行深埋或烧毁处理。蚕沙应集中堆放、沤熟。

五、小蚕期饲养技术标准

小蚕对外界环境敏感，叶质要求高，生长快，需精心饲养，按标准操作（表 3–6）。

表 3–6　小蚕期饲养技术标准参照表

龄　别			1 龄	2 龄	3 龄
饲育温湿度 / ℃	食桑中	温度 / ℃	27～28	26～27	25～26
		干湿差 / ℃	0.5～1	0.5～1	1～1.5
	眠中	温度 / ℃	26～26.5	25～25.5	24～24.5
		干湿差 / ℃	1～1.5	1～1.5	1.5～2
饲育形式			全防干		半防干
每日给桑回数 / 次			3	3	3
每张给桑量 / 千克			1.6	4.5	20
切叶大小			0.5～2.0 厘米	1.5～3.5 厘米	三角叶
蚕座面积（米^2/ 张）			0.9	2.0	4.6
除沙次数			不除或眠除	起、眠除各 1 次	起、眠除各 1 次
蚕体消毒（含撒干燥材料）			收蚁、饷食、加眠网撒防僵粉 1 次，蚕期每天用新鲜石灰 1 次，眠期坚持“三七”糠止桑促眠		

补催青温湿度标准：春季温度 25～26℃，夏秋季温度 25.5～26.5℃，干湿差 1.5℃，绝对黑暗保护

第六节　大蚕饲养

一、大蚕期的生理特点

大蚕是指 4~5 龄蚕，其生理特点为：一是龄期经过长，绢丝腺增长快，如食桑不足，叶质不良，必然会生长不良；二是单位体重的体表面积相对较小，皮肤的蜡质层厚，散热困难，对高温多湿抵抗力弱；三是食桑量大，排泄物多，必然会有更多的水分、二氧化碳和氨气等不良气体散发到蚕室内空气中，加上此时大蚕本身呼吸就相当旺盛，导致其对不良气体的抵抗力会更弱；四是环境积累病原多，环境多变，易诱发蚕病；五是食桑量大，采桑集中，给桑、除沙操作繁重，用工量多。

二、大蚕饲养技术

1. 良桑饱食，做到发育齐一

大蚕期用桑量占全龄用桑的 90% 以上，要求叶质成熟。为促进桑叶成熟一致，夏伐桑树可在夏伐当季的一批春蚕 3 龄饷食后的 2~3 天内摘去桑树新梢嫩芽，雨水多的季节还可适当提前至 2 龄饷食后的 2~3 天内。大蚕采叶一般在上午 10 点前和傍晚为宜，晴热天中午不采。采下的桑叶要松装快运，防止桑叶发热、变质、凋萎，一般贮叶时间不超过 24 小时。一般农户养蚕可选择用比较阴凉的房屋或半地下室进行贮桑，贮桑室要与蚕室分开。片叶与芽叶采取条行垄堆式或方块散堆式，抖松散热后及时覆盖保鲜；条桑贮存采用竖立法，解松条桑绳束，沿墙壁顺次直立，条桑间要留有空隙透气。每天定时进行桑叶的发热检查与抖松散热，并对贮桑室及其保湿工具消毒。每天给桑一般为 3 次，做到看蚕喂叶，盛食期在下次给桑时要略有余叶，天气过于干燥时给桑次数可适当增加。大蚕眠性慢，当发现有少量眠蚕时，可加眠网除沙。在正常温湿度条件下，4 龄见眠 20~24 小时约有 80%~85% 蚕儿会入眠，因此眠除后经 2 次给桑，绝大部分蚕儿就会入眠，应撒干燥材料止桑，还未眠蚕儿须提青分开饲养。若发现蚕儿发育欠齐，就更应在5龄见起前及早提青（第4眠，又称大眠，其眠中经过一般为36~40小时），避免出现青蚕、眠蚕、起蚕的“三代同堂”。提青分批，促进发育整齐，这也是老熟齐一、顺利自动化上蔟的基础。

2. 调节温湿度，确保通风良好

大蚕对高温多湿抵抗力相对较弱，要尽量控制合理的温湿度。4龄温度24~25℃，干湿差2.5~3℃；5龄温度23~24℃，干湿差3~4℃。大蚕饲育形式为普通育，即蚕体上不盖薄膜，下也不垫薄膜。“大蚕靠风养”，就是要求蚕室开门开窗，形成空气对流，严禁用“口袋蚕房”养大蚕。目前因广泛普及免除沙技术，蚕室或大棚内的空气往往会变得更加混浊，更应防闷热。遇高温时要尽量通过室内空调、风扇散热，搭建凉棚、房顶盖草等人为措施降温，高温干燥时还可室内挂湿布、地面空中喷含0.35%有效氯的漂白粉液补湿降温。

3. 适度稀放，做到“大蚕能弯腰”

盛食期每张蚕种最大面积4龄期达14平方米、5龄期达34平方米（条桑育蚕座面积25~28平方米）。蚕头过密，易引起蚕儿发育不齐，蚕爬蚕会引起创伤，增加感染蚕病的机会，所以要及时扩座、分匾、移蚕，做到“先扩后长”“先稀后适”。

4. 勤消毒除沙，防蚕病感染

蚕匾育4龄起除、眠除各1次，中除2次，5龄起除后，每天中除1次；蚕台育也应根据蚕沙厚薄适当除沙；地蚕育一般免除沙，但每天应多撒石灰或焦糠等干燥材料，以避免蚕座蒸热而诱发蚕病。每次消毒20分钟后给桑。

蚕匾育应结合眠起处理与加中除网，坚持每天至少消毒1次；蚕台育、地面育也应每天定时消毒。蚕具、蚕室和周围环境要定期消毒。除沙后和每天中午用含有效氯0.5%的漂白粉澄清液对蚕房地面进行喷雾消毒，贮桑室每天用含有效氯0.5%的漂白粉澄清液消毒1次；在易发细菌病、蝇蛆病的季节与农户，可在4~5龄食桑期每天中午轮换用桑叶添食防细菌病药剂、灭蚕蝇，或隔天一起混合添食，灭蚕蝇也可改为喷体。即使在较少发生的季节与农户也应在 4 龄时至少添食 1 次、5 龄时至少添食 2 次。在见熟后可以与蜕皮激素同时一起添食 1 次；在蚕期雨水较多的季节与易发僵病的区域可在大蚕期利用蚕用熏烟剂熏烟；及时淘汰病弱蚕、迟眠蚕，病死蚕必须丢入消毒缸内，严禁用病死蚕喂鸡、鸭等；新鲜蚕粪严禁施入桑园，应该倒入蚕沙坑内；及时防治桑园病害虫，防止农药中毒。

三、大蚕饲育方式

大蚕期可根据蚕房及相关设施条件差异采取不同的饲育方式，不同的饲育方式也应采取不同的养蚕技术与方法。饲育方式经历了由片叶育、全芽育到条桑育，由室内育到室外育，由台架育到地面育，由繁重劳动到省力化操作的演变。目前主要方式有：室内蚕匾育、蚕台育、地面育、室外棚架育等。

1. 蚕匾育

此法是用梯形架或竹、木搭成 6~8 层的蚕架，可多层插放方匾、圆匾，优点是房屋利用率高、通气好，可容纳农村辅半劳动力就业（图 3–25）。缺点是投资较大、花工多、不省力。

图 3–25　不同方式的蚕匾育（左为竹匾育，右为木框育）

2. 蚕台育

此法是用竹、木搭建 3~4 层固定的蚕台，每层间隔 60 厘米左右；也有用绳子吊住蚕台，做成上下能移动的活动蚕台。在蚕台上铺上竹帘，在帘上给芽叶或片叶养蚕，也可进行条桑育（图 3-26）。这种方法优点是蚕室空间利用率高，给桑快，便于熟蚕自动化上蔟，成本低，比蚕匾育节省劳力。

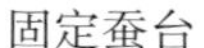

固定蚕台

省力化活动蚕台

铁片组合固定装置的活动蚕台

可拆卸快装蚕台

可滑动组合式大蚕饲养架（湖州）

省力化大蚕饲养机械（湖州）

滑轮叠套层省力蚕台（河池）

多功能养蚕机械（可自动除沙、上蔟，湖南）

图 3-26　不同方式的蚕台育

行家指点：三种活动蚕台制作（图 3-27）。

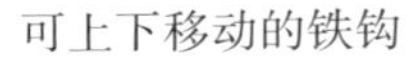
可上下移动的铁钩

活动蚕台的制作

铁片组合固定装置

图 3-27　不同方式的活动蚕台制作

3. 地面育

一般选择地势高燥、通风良好、没有放过农药、化肥等有毒有害物的房屋，打扫干净并经消毒后，在地面上先撒一层新鲜石灰粉，再铺一层稻草，4 龄或 5 龄饷食后的蚕移放到地面上饲养。地面育一般用芽叶或条桑饲养。这种方法优点是所需蚕具少，节省成本；方便实行条桑育，蚕座面积小；给桑快，免除沙，省工省时，操作方便。缺点是占用房屋较多，地面养蚕易致蚕座潮湿，免除沙易致蒸热染病。养蚕关键是加强通风换气，多用吸湿材料，熟蚕前一天改喂片叶，以便于上蔟（图 3-28）。

满地式地面育

条行式地面育

轨道式地面育

图 3-28　不同方式的地面育

专家指点：江苏部分蚕区在推广更加节省蚕房面积的大蚕地面育的新方式，即条桑斜面育与大蚕漏空透气育。

条桑斜面育是 5 龄期不采片叶，直接剪伐条桑，利用条桑搭成斜面养蚕的一种养蚕方式，所需蚕座面积只有一般平面育的1/2左右，叶质新鲜，桑叶利用率高。依靠蚕房四周墙壁设置斜面，中间设置支架或竖高度为1.8米的木桩，搁放一根直径3厘米以上的横杆搭成“∧”形斜面，斜面周围留足堆放条桑的空间和操作的走道。随着蚕生长发育需提高“∧”形斜面高度，可在其上再加横杆或升高横杆高度。目前，不仅春季采叶结合夏伐进行条桑收获，而且还有晚秋季采叶（一般在9月25日以后，不包括湘南区域）结合剪梢进行条桑收获，相当于将本应12月中下旬以后进行的冬季剪梢提早进行。条桑收获同于常规冬季水平剪梢，一般留条0.9~1.2米，剪口向下留叶3~4片。其中顶部1~2位叶不宜碰落，不然会促发新芽（图3-29）。晚秋季依然有较长一段着叶枝条的冬季重剪桑树也可参照实行留叶剪伐条桑。

图3-29　大蚕条桑斜面育（左图为“∧”形斜面育，右图为晚秋条桑收获）

大蚕漏空透气育是采用塑料折蔟放在地面上用片叶喂蚕的一种新方法。蚕座面积不到普通地面育的1/2，每张蚕种只需80厘米宽的塑料折蔟20~23只及部分编织布。形成了叶在蔟上、蚕在蔟中、粪在蔟下的层次分明的立体结构，桑叶不仅新鲜，不被蚕粪污染，而且极少浪费，利用率高（图3-30）。

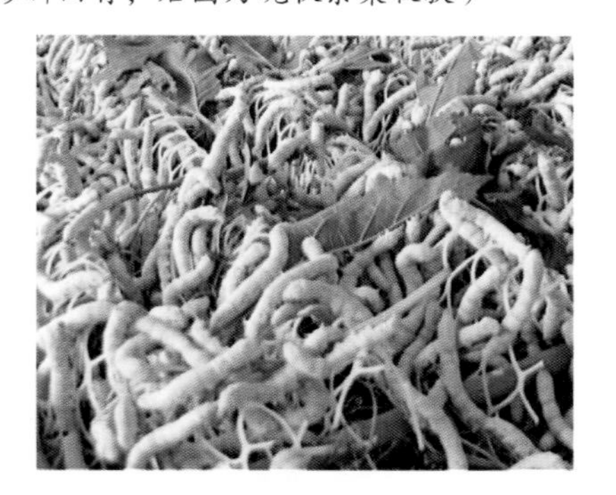

图3-30　大蚕漏空透气育

4. 室外棚架育

室外棚架育就是在室外因陋就简、因地制宜搭建简易大棚或临时帐篷，结合蚕台育与地面育的轻简化养蚕方式进行大蚕饲养，具有省工、省力、省投资的优点。首先是邻近桑园周围搭建棚架，为利于透风换气，室外固定简易大棚脊高一般不低于 3.5 米，檐高不低于 2.2 米，所开门口为东西朝向的要选用遮阴地方或砌隔热墙、外搭遮阴棚，棚顶用覆盖物盖顶。即使是临建大棚也要便于操作和空气对流。其次是按照一定规格、尺寸，用竹、木、绳索等材料搭建成可用于大蚕饲育的层状平台，蚕儿上台前铺芦帘、塑料编织布等。为了更加简便，也可不搭蚕台，对地面平整、隔潮、消毒后直接养地蚕。第三是简易大棚的消毒防病、隔热保温、排湿防燥等条件稍差，且集中饲养、规模较大，应更加严格落实各项大蚕饲养技术措施，加强对畜、禽、鼠、蝇等敌害的防范，配套降温补湿等温湿度控制设施设备，力避日晒雨淋和强风直吹，确保蚕作安全（图 3-31）。

室外临建大棚

室外固定大棚蚕台育

可移动组合帐篷

室外固定大棚地面条桑育

图 3-31　不同方式的棚架育

专家指点：大蚕条桑育是指当家蚕发育至4~5龄时，将生长着桑叶的枝条直接放在蚕座上让蚕儿取食的饲育方法。它与片叶育、芽叶育相比，具有桑叶利用率高、采叶与给桑效率高、节省蚕座面积等优点。目前，主要形式为地面条桑育、蚕台条桑育。一般给桑时将条桑基部互相搭配，条与条互相平行放置，对于长度较长而且弯曲的枝条予以剪断，避免相互交叉，以利于蚕座平整。5龄盛食期给桑3~4层左右，每天给桑2次，天气干燥时可补给1次；需扩座时将枝条带蚕移至较稀的地方，蚕座面积比叶片育或芽叶育减少1/5~1/4；一般不除沙，不加眠网，需提青时先将较细枝条剪短，补给一些片叶，平整蚕座再加网提青；用于条桑育的桑园要尽量不采小蚕用叶，以使各枝条着生叶量基本一致，便于掌握给桑量；上蔟时可用振条法、网收法与自动上蔟法，后2种方法必须在上蔟前1天进行蚕座平整处理。

四、蚕用药剂及其使用方法

蚕期使用的蚕用药剂类型较多，既有蚕体蚕座消毒药品，又有经口添食药品，需按各自标准正确配兑与使用（表3–7至表3–9）。

表3–7　蚕体蚕座常用消毒药剂及其使用方法

药物名称	防治对象	药品成分及配制方法	使用方法	注意事项
漂白粉防僵粉	病毒病、真菌病、细菌病	小蚕：含有效氯2%；大蚕：含有效氯3%。如漂白粉含有效氯26%则小蚕期1份漂白粉与12份新鲜石灰粉混合，则配成了含有效氯2%漂白粉防僵粉	用纱布袋将药粉均匀撒落于蚕体上，预防时，各龄起蚕使用一次，有僵病流行时可每天使用一次，撒药量以一层薄霜为宜	（1）药品配制浓度要标准，必须根据漂白粉含有效氯的含量，加适量新鲜石灰粉配制而成；（2）眠中不撒，可以撒新鲜风化石灰粉，熟蚕不能撒漂白粉防僵粉；（3）撒药在给桑前进行，撒药5分钟后加网喂叶；（4）由于漂白粉易吸湿潮解，应及时除沙

续表 1

药物名称	防治对象	药品成分及配制方法	使用方法	注意事项
次氯酸钙粉（蚕用）	病毒病、真菌病、细菌病	有效氯含量应大于 55.0%，有 50 克、100 克两种包装。取本品 1 袋，以 1：20 的比例与新鲜石灰粉充分混匀后，用塑料袋密闭	3~5 龄，1 日 1 次，眠期、熟蚕期除外；发现蚕病后，每天增加 1 次。每次使用量以蚕座表面药物呈薄霜状即可	（1）禁止与其他毒药剂混用；（2）避免儿童接触；（3）禁止与农药混放；（4）药物与包装不要随便丢弃
优氯净防僵粉	病毒病、真菌病、细菌病	二氯异氰尿酸钠与中性或碱性陶土配制成，每 500 克含二氯异氰尿酸钠 12.5 克（市售制剂）	预防时各龄起蚕使用 1 次，发现病蚕时每天使用 1 次。喂桑叶前均匀撒在蚕体上，呈薄霜状即可	（1）用于蚕体消毒杀菌；（2）应密封，在阴凉干燥处保存
新鲜石灰粉	病毒病	将块状的石灰经风化后使用或 10 千克生石灰加水 2.5~3 千克，溶化冷却后过筛	用纱布袋将石灰撒在蚕体上，3 龄起各龄及眠中均可使用，一般在早晨或夜晚施用，发生病毒病时，挑除病蚕后每天撒 1~2 次	（1）蚕体蚕座消毒必须用新鲜石灰粉；（2）食桑中的蚕在喂叶前撒石灰，撒石灰后不能喂湿叶；（3）眠蚕要在眠定以后撒石灰，蚕蜕皮时不能使用
“三七”糠	病毒病	将块状石灰经风化或水溶化后得到的新鲜石灰粉 9 千克与 21 千克干燥的焦糠均匀混合	在各龄眠期、食桑期蚕体蚕座消毒使用，既可预防脓病，也可干燥蚕座而减少僵病发生	（1）必须用新鲜石灰粉与干燥焦糠配兑；（2）配兑比例可以小幅调节；（3）止桑与蚕期消毒时均可使用
三氯异氰尿酸碳酸氢钠粉（蚕用）	病毒病、真菌病、细菌病	二元包装，40 克包装组分为 32 克三氯异氰尿酸 +8 克碳酸氢钠，与新鲜石灰粉以 1：25 拌匀而成	使用时撒粉，蚕座呈薄霜状即可	三氯异氰尿酸、碳酸氢钠粉与石灰混配后，在一个蚕期内用完，以 10 天内用完效果最佳

续表 2

药物名称	防治对象	药品成分及配制方法	使用方法	注意事项
多聚甲醛粉（蚕用，原名防病1号）	真菌病病毒病	本品为聚甲醛与酸性陶土配制而成。小蚕用：500克装，多聚甲醛含量1.25%；大蚕用：1000克装，多聚甲醛含量2.5%。或按产品说明书配兑	用纱布袋将药粉均匀撒落在蚕体上。预防消毒时，在蚁蚕第二次喂桑叶前、各龄起蚕、见熟时各撒一次，熟蚕上蔟前也可撒一次，发病时每天一次，撒药量呈薄霜状即可	（1）蚁蚕撒药时要薄而均匀； （2）撒药后不能喂湿叶； （3）撒药后不用马上除沙，残叶不宜作饲料； （4）勿与碱性消毒剂石灰等混用； （5）遮光、密封、干燥处保存； （6）大小蚕用不同规格，其有效成分含量不同，应注意区分使用
仁香散	白僵病、曲霉病	市售制剂，500克包装	在收蚁、各龄起蚕及熟蚕体表各撒药1次。每次的使用量以蚕体或蚕座表面呈一层薄霜为度。在发生僵病时或易发僵病季节，可增加使用次数，用药后立即给桑	（1）禁止与农药混放； （2）未使用完的药品应扎紧包装； （3）干燥、密封处保存
灭蚕蝇溶液	蚕蝇蛆	市售制剂，大蚕期用	添食方法：1支2毫升乳剂加水1千克，搅拌后喷10千克桑叶，晾干后喂蚕。 体喷法：1支2毫升乳剂加水0.6千克，待蚕座桑叶吃光后，将药液均匀喷洒在蚕体上，再给桑。 发生蝇蛆病后，可每天使用一次，连续使用3天；预防时可隔日使用	（1）严格按标准配制； （2）现配现用； （3）体喷法要求用药6小时内不能用石灰等进行蚕体蚕座消毒； （4）药液不能接触操作者皮肤，施药者应佩戴口罩、湿毛巾等防护用品； （5）遮光、密封保存

表 3–8　常用抗菌药剂和激素及其使用方法

药物名称	用途	药品成分及配制方法	使用方法	注意事项
盐酸环丙沙星胶囊（蚕用）	抗菌药剂，细菌病	含盐酸环丙沙星应为标示量的 90.0%~110.0%。100 毫克 / 粒	（1）预防用，一次量，每 1 粒加冷开水 500 毫升，均匀喷洒于 5 千克桑叶叶面，以桑叶正反面湿润为度。待水分稍干喂蚕。各龄盛食期各添食一次。 （2）发病时每 2 粒加冷开水 500 毫升，每天添食 1 次，至蚕病基本控制为止	（1）遮光、密封保存； （2）禁止与农药混放
盐酸环丙沙星溶液（蚕用）	抗菌药剂，细菌病	有效成分为盐酸环丙沙星，含盐酸环丙沙星应为标示量的 90.0%~110.0%。2 毫升：50 毫克	（1）预防用，一次量，每 2 支加冷开水 500 毫升，均匀喷洒于 5 千克桑叶叶面，以桑叶正反面湿润为度。待水分稍干喂蚕。各龄盛食期各添食一次。 （2）发病时每 4 支加冷开水 500 毫升，每天添食一次，至蚕病基本控制为止	（1）适宜单独使用，注意蚕座干燥； （2）遮光、密封保存； （3）禁止与农药混放
氟苯尼考溶液（蚕用）	抗菌药剂，用于防治家蚕黑胸败血病	有效成分为氟苯尼考（$C_{12}H_{14}C_{12}FNO_4S$），含氟苯尼考为标示量的 90.0%~110.0%。2 毫升：0.03 克	取本品 2 毫升（30 毫克），加 500 毫升冷开水，搅拌均匀，喷洒于 5 千克桑叶上，以桑叶正反两面湿润为度。发现病蚕后第一天喂饲喷洒药液的桑叶 24 小时，第二、第三天分别喂饲 8 小时。病害发生严重的蚕期可适当增加使用次数	（1）雨湿天气应将喷洒药液的桑叶阴干后喂蚕，以保持蚕座干燥； （2）避光、密封保存； （3）禁与农药混放

续表

药物名称	用途	药品成分及配制方法	使用方法	注意事项
蜕皮激素溶液	激素类药，调节家蚕生长发育。主要用于促使家蚕老熟齐一，上蔟整齐	有效成分为 β－蜕皮激素（$C_{27}H_{44}O_7$），β－蜕皮激素的含量应为标示量的90.0%~110.0%。2毫升：50毫克	使用时间：见5%熟蚕时使用。使用量：一次量，本品一支（2毫升）加水2500毫升混合均匀喷叶，供2.5万头蚕（一张种）一次食完	（1）避光、密封保存；（2）禁与农药混放

表 3-9　常用蚕期熏烟消毒剂及其使用方法

药物名称	防治对象	药品配制方法	使用方法	注意事项
三氯异氰尿酸碳酸氢钠粉（蚕用）	病毒病、真菌病、细菌病	三氯异氰尿酸为主剂，陶土或面粉为辅剂的二元包装。50克装，30克三氯异氰尿酸+20克辅剂	先将小包辅剂倒入大包主剂中，捏紧袋口，摇匀，点燃袋角或药粉。蚕期消毒1克/米^3，密闭30分钟	（1）主辅剂混合后遇火即自动冒烟，注意防火；（2）对眠起、将眠、眠期蚕不熏烟；（3）对金属、纺织品有腐蚀作用；（4）对人体有刺激作用；（5）遮光、密封、干燥、阴凉保存
二氯异氰尿酸钠多聚甲醛粉（蚕用）	病毒病、真菌病、细菌病	50克装：二氯异氰尿酸钠38克＋聚甲醛12克	熏烟剂大小2包混合均匀，装入原药袋（易燃纸袋），点燃纸袋使之发烟，密闭蚕室（以25℃以上为佳）进行蚕体蚕座的熏烟消毒，用药量和密闭时间分别为1.5克/米^3，密闭30分钟	（1）蚕室熏烟时，必须密闭；（2）起蚕、将眠蚕、眠蚕不熏烟；（3）现配现用；（4）加热用具周边不得放置任何易燃物品

图 3-32　蚕室专用臭氧发生器

专家指点：臭氧具有强氧化特性，对各种病菌均具有一定消毒作用，特别是对细菌、真菌有很强的杀灭能力。养蚕专用臭氧发生器是利用高压放电制造高压电晕电场，使电场内及周围的氧分子发生电化学反应，从而制造臭氧，并很快弥散到空气中，进入蚕室每一个角落。要求蚕室在消毒过程中能相对封闭，开机消毒约 1 小时，停机约 45 分钟后，再打开蚕室，1 台养蚕专用臭氧发生器可有效消毒体积一般为 30~50 立方米。小蚕期在下次给桑前 2 小时将覆盖薄膜揭开消毒效果更佳。该设备具有使用简便、省工省力、无残留、无死角、无桑叶二次污染、消毒快等优点（图 3-32）。其注意事项为：一是将设备安装在干燥宽敞的地方；二是远离高压线，不能置于变电所附近；三是地面不能潮湿，离周围物体至少 0.3 米，设备不能水洗；四是空间消毒在无人条件下进行，停机 45 分钟后进入蚕室；五是蚕眠中、蜕皮、上蔟时停用。

第七节　夏秋蚕饲养

在 6 月中下旬至 10 月中下旬的这段时间内所饲养的不同批次的家蚕，统称为夏秋蚕，占全年家蚕饲养量的 55% 左右。传统上根据饲养季节的不同，进一步将其划分成夏蚕、早秋蚕、中秋蚕与晚秋蚕（表 3-1）。相对于春蚕期，夏秋蚕期气候的温湿度多变，桑树生长旺盛，桑园病虫害容易发生，桑叶叶质不稳定，家蚕发育龄期长短不一，特别是在春蚕结束后，环境中新鲜病原多，容易引发蚕病，桑园多次用药，容易引发养蚕中毒事故。为此，必须认真调查分析其有利与不利条件，对桑树采取“采”“养”结合，科学合理地安排夏秋蚕期各批次家蚕饲养适期、品种与比例，以期夏秋蚕期各批次养蚕生产获得稳产高产。

一、主要饲育措施

（1）选用耐高温多湿、抗病力强的夏秋用家蚕品种，特别是选用具有抗频发性血液型脓病（由 BmNPV 引起）的家蚕品种。目前，首批通过国家畜禽遗传资源委员会审定的夏秋用抗血液型脓病的家蚕品种有“锦·绣 × 潇·湘”“韶·辉 × 旭·东”“华康 2 号”。具有抗血液型脓病特点的夏秋用品种“华·康 × 湘·泰”也已完成了全国区试鉴定，各项鉴定指标均符合国家审定标准。此外，具有抗血液型脓病特点的春秋兼用品种“武·陵 × 映·秀”也可在长江流域夏秋季推广。

（2）根据气象规律合理确定养蚕批次、各批收蚁时间，争取大蚕中后期与上蔟期避开高温多湿天气。湖南大部分地区 6~7 月之交的梅雨季节阴雨连绵，潮湿闷热；7~8 月酷热干旱与酷热多雨交替出现，以伏旱居多，昼夜温差小，年际间差别大；8~9 月白天干热，夜间凉爽，偶有暴雨闷热，立秋后“秋老虎”时常出现，连续高温干旱；9~10 月秋高气爽，日中适温，早晚低温，10 月时有秋风秋雨。不同于其它蚕季主要是规避在大蚕期与上蔟期碰高温，晚秋蚕则是规避在大蚕期与上蔟期遇低温。

（3）在养蚕前彻底消毒，养蚕期间坚持每天消毒，并及时淘汰病蚕。夏秋蚕因连续饲养批次多，病原多，发病多，应加强蚕前、蚕中、蚕后的清洗消毒，及时处理蚕沙，杜绝病原传播机会，控制蚕病危害。对规模化养蚕区域、多批次养蚕户要推广小蚕共育，各分散的养蚕户只养大蚕，实现分段专业化养蚕。安装好纱门纱窗，防止蚕蛆蝇进入蚕室内为害家蚕，蚕室内还禁止使用灭蚊喷雾剂、蚊香、花露水及灭蝇药等对蚕有害的物品。

（4）加强春蚕结束后的桑园肥培管理，在防治桑树病虫害的同时，注意统筹安排用叶安全期，切实保证蚕作安全。要重施夏肥，巧施秋肥，及时中耕除草，做好抗旱与排涝，保持桑树的旺盛生长，防止桑叶过早硬化。夏秋季桑园病虫害种类繁多，许多害虫不但为害桑叶，降低叶质，而且它们的尸体、虫粪所带病毒、病菌会直接对家蚕造成交叉感染，做好桑园治虫与用叶安全是养蚕稳产高产的关键之一。

（5）采养结合，保证桑叶适熟新鲜。小蚕精选偏嫩适熟叶，大蚕给食新鲜桑叶，薄饲勤喂，早晚采叶，晴热天中午不采叶，采叶要松装快运，防枯萎发热。采养兼顾，适熟用桑，适量采叶，处理好采叶养蚕与留叶养树之间的关系，做到前期顾后期，期期顾全年。此外，因秋季往往连续干旱，桑叶易硬化，可采用全芽育成的方法来保证小蚕对柔软鲜嫩桑叶的需求。其具体做法就是在用叶之前的20~25天，将植株上的枝条剪去10~15厘米，并且将剪梢部分以下的叶片摘取4~5片，以促使枝条腋芽萌发，长出新梢和嫩芽。

（6）规避日中高温，增强蚕儿体质。尽量选择早晚领取补催青蚕种，适当提早蚕种感光、收蚁时间，防止高温危害；小蚕提前扩座，大蚕稀饲饱食，精细给桑，防止饥饿；加强眠期处理，严格提青分批，防止蚕座感染。

（7）注意气候变化，遇到各种不良气候，及时采取相应的调节措施。

二、不良气候环境的调节

在适宜的气象环境下，家蚕的生长发育良好，发育整齐，可充分发挥品种的优质高产潜能，提高蚕茧产量与质量。但在生产实践中往往会不断遇到不良气象条件，特别是在夏秋季较为常见。影响家蚕气象因素有温度、湿度、空气与光线，其中温度与湿度对家蚕生长发育影响最为密切，由这两种因素引起的不良气候环境可分为：

1. 高温多湿

对大蚕为害最大，长时间接触会引起不良影响。主要调节方法有：

（1）在蚕房东西面搭建凉棚，以防阳光直射；外温下降时，即须卷起凉棚，导入凉风。

（2）打开南北窗，加强通风换气；日中气温较高，可用风扇、空调降温与通风。

（3）多用新鲜石灰、“三七”糠、焦糠等蚕座干燥材料；勤除沙，防止蚕座蒸热。

（4）日中宜薄饲，夜晚宜适当增加给叶量；忌给湿叶，控制蚕座湿度。

2. 高温干燥

主要是防止室温升高与环境干燥。具体办法有：

（1）日中适当关窗，夜间打开门窗。

（2）搭凉棚，屋面墙壁喷水，挂湿帘，用含有效氯 0.35% 的漂白粉液空中喷雾补湿。

（3）适当增加给桑次数，保持桑叶新鲜，日中用含有效氯 0.35% 的漂白粉液对桑叶补湿。

3. 低温多湿

以补温达到降湿的目的。具体办法有：

（1）加强升温，适当打开下风窗排湿。

（2）少给薄饲，不喂湿叶。

（3）多用新鲜石灰、“三七”糠、焦糠等蚕座干燥材料；勤除沙，防止蚕座湿冷。

4. 低温干燥

室内加温补湿，环境改善易快。具体办法有：

（1）在加温的火源上放一盆水蒸发水分，或利用电热补湿器等直接增加室内温湿度。

（2）适当关上门窗升温，用含有效氯 0.35% 的漂白粉液对桑叶喷雾补湿。

此外，夏秋蚕期还应坚持“大蚕靠风”原则，改善蚕房通风条件，确保蚕室光线均匀，力避蚕座阳光直射。

第八节　上蔟采茧

上蔟是指将熟蚕收集移放到蔟具上，让其吐丝营茧的过程，是养蚕生产的最后环节。一般来说，蚕茧是养蚕生产的最终目的产品，上蔟处理是否科学对确保蚕茧的质量至关重要。只有处理好了上蔟环节，才会让养蚕生产在丰产后又丰收。

一、熟蚕

家蚕末龄幼虫的后期，食欲减退，排带绿色软粪，这是家蚕即将老熟的信号。随着食桑停止，蚕儿胸部半透明渐及腹部，颜色由青白转为腊黄色，体躯缩短，体重减轻，在蚕座上爬动，头部左右摆动，不时吐出丝缕，此时为上蔟适期（图 3–33）。熟蚕具有明显的向上性与背光性，从上蔟到营茧结束，一般要经历爬行、滞留、觅位与吐丝等四个过程。熟蚕如无法寻找到合适的营茧场所，也会不择地结茧，但双宫茧、柴印茧等次下茧会增多。

图 3–33　熟蚕

专家指点：目前，生产推广的家蚕有 4 眠、3 眠蚕品种，以 4 眠 5 龄蚕品种最为常见。若未熟蚕（青头蚕）上蔟，喜欢在蔟中爬行，排大量粪尿，蚕座变湿，污染其它已结蚕茧，黄斑茧增多，食桑不足，游山蚕多，丝量减少，薄皮茧等增多；若因体躯缩短，更加透明，行动呆滞，成为过熟蚕，则会急于吐丝，双宫茧、畸形茧、柴印茧增多；上蔟前过长时间吐浮丝，损失丝量，薄皮茧增多。因此，必须掌握适时上蔟，必要时把过熟蚕和适熟蚕分开上蔟。

二、上蔟准备

俗话讲“蚕熟一时”，就是指见熟→盛熟→营茧这一经过时间短。上蔟时间紧，环节多，技术要求高，用工量大，需提前根据养蚕数量，有计划地准备充足的上蔟空间与优良蔟具，安排足够的上蔟人员。蔟室要通风、干燥、光线均匀，力避高温多湿、低温多湿；优良蔟具主要选择方格蔟（纸板或木质）、塑料折蔟。为了上蔟顺利，还要求对大眠蚕儿进行提青分批，准时添食蜕皮激素，促其老熟整齐；上蔟前 1 天进行蚕座平整或除沙，利于上蔟处理。

三、蚕用蜕皮激素

应用蚕用蜕皮激素可促使蚕上蔟时间集中，提高上蔟劳动工效。生产上一般在同批蚕出现 5% 熟蚕时，添喂浓度为 1250 倍蚕用蜕皮激素。添食方法为：称取 2.5 千克冷开水置于盆中，随后倒入蚕用蜕皮激素针剂 1 支（含量 50 毫克），搅拌使其充分溶解，然后把药液均匀喷洒在 20 千克左右的桑叶上，边喷边翻动桑叶，使桑叶正反面附液均匀，供 2.5 万头蚕（约 1 张种）一次喂完，让蚕儿食光桑叶，温度不宜低于 24℃，约 10 小时后蚕儿即大批老熟。如果气候干燥，可即喷药即饲喂；反之待桑叶稍干后喂蚕。为了减少蚕蝇蚊危害与细菌病损失，还可同时添加约 4 毫升灭蚕蝇与 4 粒蚕用盐酸环丙沙星胶囊。

专家指点：养蚕期间如果缺叶或发现病蚕多时，在 5 龄中后期添食，剂量加倍，可缩短一定的食桑时间，提早 15~20 小时熟蚕，但易引起蚕体缩小、呈老熟状、结薄皮茧，甚至于不结茧（图 3−34）。正常情况下不宜采取此法，不然会造成蚕茧减产降质。

图 3-34　添食过量的蜕皮激素引起的缩小蚕

四、方格蔟上蔟

方格蔟有多种材质，目前常用的以纸板方格蔟和木质方格蔟为主。纸板方格蔟规格有 162 孔（54.5 厘米 ×41 厘米 ×3.1 厘米，纵向 18 孔，横向 9 孔，孔格为 4.5 厘米 ×3 厘米 ×3 厘米）和 156 孔（54.5 厘米 ×39.5 厘米 ×3.1 厘米，纵向 13 孔，横向 12 孔，孔格为 4.5 厘米 ×3 厘米 ×3 厘米）两种，一张蚕种需要方格蔟 190~200 片。木质方格蔟是由纸板方格蔟衍生而来，现在全国普及较快。在推广过程中，一是大都与地面育相结合，二是与对应的采茧机械相配套，其样式有悬挂式与旋转式两种，规格多样，单张蚕种所需数量应视具体规格而定。具有不易变形、可拆卸、耐用、好保存的特点，但贮藏保管时占用空间大，吸湿性比纸板方格蔟差，也应注意通风防霉变。这两种材质方格蔟均可人工上蔟或自动上蔟。

（1）人工上蔟。一般将扎制好的 3~5 个方格蔟重叠平放在铺有薄膜的地面上，投放熟蚕数以方格蔟孔格总数的 80%~85% 计算。熟蚕收集可以人工拾取，也可利用塑料打孔膜或大蚕网自动收集。自动收集时选择忌避剂如 0.1% 来苏尔溶液喷于桑叶上添饲，或喷蚕体蚕座后，再覆盖 1 张有孔塑料薄膜，老熟蚕因忌避以及向上爬动的习性而自动钻出孔外，青头蚕则继续在塑料薄膜下食桑叶。待有较大数量熟蚕爬到塑料薄膜孔外时，用手提起有孔塑料薄膜离垫有纸或薄膜的蚕匾上方 10~20 厘米处轻轻抖落，再把熟蚕抓到蔟具上。这样不用手捉就能把熟蚕收集到一起，并与青头蚕分开。待方格蔟片中大多数熟蚕入孔开始吐丝时轻轻提起蔟片，按 10~13 厘米间距搁挂在事先准备好的蔟架上。

（2）自动上蔟。不同的饲育方式有不同的方法。以地面育、蚕台育的老熟蚕在蚕座上蔟，则可在蚕儿明显减食时结合焦糠、新鲜石灰粉等材料干燥蚕座时平整蚕座，见熟时收拢蚕儿，把蚕儿排成略小于蔟具宽度的长方形熟蚕座。如果是条桑育，则在上蔟前 1 天改为片叶育，促蚕座平整。地面育可在蚕座两边架起 2 根平行杆或摆放蔟架，按 10~13 厘米间距将先扎制好的搁挂式方格蔟（将 2 只纸板方格蔟顺向结扎后，用 1 根 1.3 米长的小竹杆或 1 片等长竹片固定两蔟片的边框，两端各伸出 10 厘米）悬挂排列成搁挂蔟列；蚕台育可利用上层蚕架的横杆，将扎制好的双连座式方格蔟（将 2 只纸板方格蔟片逆向连接，连接后的蔟片可竖立于蚕座平面而不倒伏）按相同间距捆结固定排成双连座式蔟列。蔟底离蚕座 2~3 厘米，当熟蚕基本爬上蔟入孔后，将蔟架吊到通风的高度或改善通风条件，1 天后清理蚕沙。若蔟具为木板方格蔟，则应按相应型号要求搁挂排列。在有较多蚕未入孔结茧时要翻蔟。当春蚕上蔟 24 小时，夏秋蚕上蔟 12~18 小时后，大部分蚕已营茧定位，将仍游离在蔟片孔外找不到营茧位置的熟蚕和同孔蚕提出另行上蔟并清除蔟中死蚕。

无论是自动上蔟，还是人工上蔟，如果受蚕房、蚕架等养蚕设施设备自身构造、规格限制，导致上蔟环境的通风条件较差，就必须作挂蔟、移蔟处理。第一步收集熟蚕，除了上述人工收集方法外，还有自动收集方法。在地面育、蚕台育的蚕座内撒上新鲜石灰粉、焦糠等，再放扎制好的方格蔟，第一个平放，其余重叠 1/2 斜放于蚕台，通过自动上蔟方法使熟蚕爬上方格蔟。同样，蚕匾自动上蔟也可将准备好的方格蔟展开平放在熟蚕蚕座上，拣除蚕座中突起的残叶，使蔟片能紧贴蚕座，让蚕自动上蔟。第二步预挂，待方格蔟片中大多数熟蚕入孔开始吐丝时轻轻提起蔟片，搁挂在事先搭好的蔟架上，按 10~13 厘米间距搁挂，上下层一定要对齐形成蔟列，每一层蔟架上铺垫塑料薄膜，蔟架下方地面铺一层塑料折蔟或秸秆承接掉落蚕，并及时收集重新上蔟。第三步保护，室外预挂蔟架上风处要有挡风物，若遇烈日高温和强光，应在蔟架上方增加遮阳设施，要防止蚕蝇蚊等侵害熟蚕。第四步翻蔟，方格蔟中已有部分蚕入孔定位并开始吐丝营茧时，进行第一次翻蔟，将有空格多的一边翻挂在上方，3~4 小时后再进行第二次翻蔟。第五步移蔟，挂蔟后约 90% 的熟蚕入孔排尿定位，大部分初成茧形后，应拾去游山蚕，捉去同孔蚕，及时移蔟入室内。一般早晨开始预挂上蔟，晚上 8 时前要全部移入室内搁挂（图 3-35）。蔟室内温度要保持在 24~25℃，湿度 70%~75%，营茧前期温度适当提高，保持光线均匀。

专家指点：方格蔟自动上蔟前必须做好如下准备：①新蔟片可用桑叶汁喷洒后晾干待用；②大眠前提青分批，分批饷食，分批饲养；③上蔟前开展蚕台育的饲育层并层与地面育的蚕座收拢，养蚕的蚕座面积与上蔟的蚕座面积按约为 2∶1 的比例进行蚕头加密，缩座比例会因蚕座本身养蚕密度、蔟具类型及其摆放密度有一定变化；④当见有 5% 的熟蚕时，按标准添食蜕皮激素，隔 4~5 小时后再适当补喂少量新鲜片叶，以减少青头蚕。春蚕和晚秋蚕见熟蚕 30%~40%；夏秋蚕见熟 20%~30%，为上蔟适期。

上蔟前拢匀蚕儿

搁挂式纸板方格蔟自动上蔟

上蔟熟蚕移至室外预挂

将预挂蚕蔟移至室内营茧

回转式蚕架的自动上蔟

木质方格蔟快速翻转

图 3-35　自动上蔟的主要操作步骤及其它自动上蔟方法

专家指点：蔟具使用后，蚕农往往会忽视对其消毒，容易成为蚕病发生的最主要污染源，应加强消毒。但无论是纸板方格蔟，还是木质方格蔟，均不能直接浸渍消毒。方格蔟消毒分为去浮丝、消毒两个步骤。去浮丝方法有二：第一是火燎，将方格蔟置于可控明火源上来回烤，烧去浮丝，除去杂物；第二是喷烧，将液化汽罐减压阀出气口软管的另一端与喷雾器喷杆进口连接，距蔟架一定安全距离处放置 1 支蜡烛，打开喷杆开关，调小出气量，对准蜡烛点燃，再调火焰射程至适当，将喷头对着悬挂的蔟片上下、左右快速来回均匀移动，喷烧去蔟片上的浮丝。消毒方法也有二：第一是闷熏日晒，将清理过的方格蔟蔟片展开平铺于干净地面，用 2% 甲醛溶液喷洒，再用塑料薄膜覆盖蔟片，将其密封，于日晒下消毒 4 小时以上，揭膜晾干后再置日光下曝晒1天收存；第二是熏烟，结合回山消毒将晒干的方格蔟片搁挂于密闭的室内，用二氯异氰尿酸钠多聚甲醛粉、三氯异氰尿酸碳酸氢钠粉等熏烟消毒剂熏烟，闭门至次日取出。

五、回转式方格蔟的制作方法

前面介绍的方格蔟上蔟方法需要人工翻蔟，但回转式方格蔟可借助熟蚕向上爬的习性，当方格蔟上重下轻时就会实现回转式方格蔟自动翻蔟。回转式方格蔟由方格蔟和一副蔟架组装成一套，每张种需要备自转蔟架20个，每架安装156孔方格蔟10片。方格蔟的蔟片不仅要与蔟架相匹配，而且还要与蚕台宽度相匹配。选用2.1厘米×2.3厘米的杉木等不易变形的木条做内、外框相套而成的蔟架，外框架118厘米×63.5厘米、内框架113厘米 ×43.5厘米。在内框架的一条长边框装有活络扣，以便装卸蔟片时拆下此木条。内外框两端板条中心用两个长螺丝（M6×70）将内外连接，并以长螺丝作为整个蔟架的轴心，悬挂后可以转动。内外框的每根长木条上各装10只铁丝固蔟钩，钩距10厘米，内外框的每只角均用铁皮包角固定（图3-36）。

专家指点：将熟蚕已基本定位的方格蔟片，自下而上插入直立的蔟架中，插满10只后蔟架做回转处理。也可先平放蔟架于收拢的熟蚕上面，待其自动爬上方格蔟后，再将蔟架水平挂起（图3-35至图3-36）。

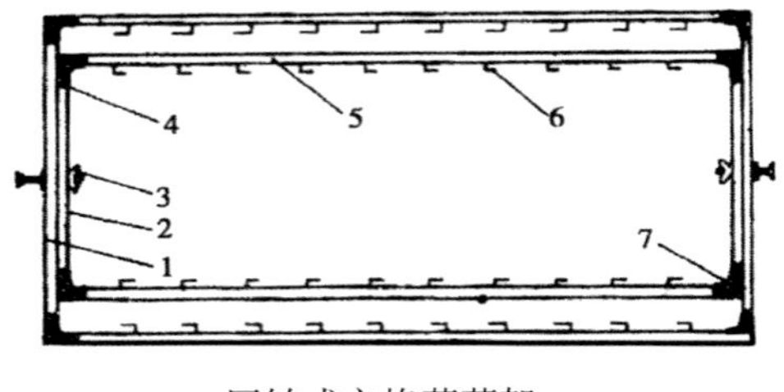

回转式方格蔟蔟架

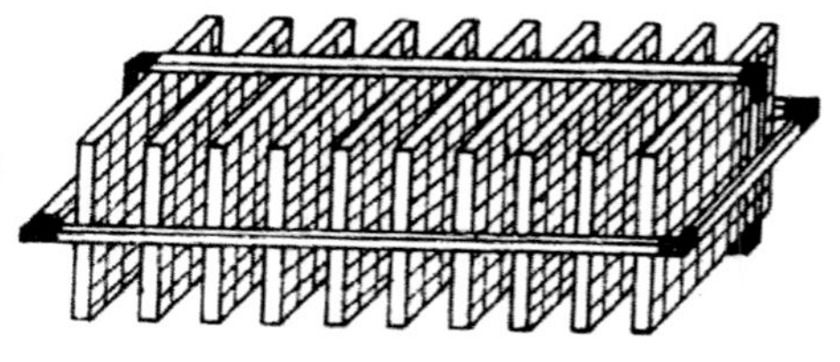
装好的自动回转式方格蔟

1. 外框　2. 内框　3. 长螺丝　4. 搭扣　5. 可拆卸木条　6. 固蔟钩　7. 薄铁皮包角

回转式蔟架的组装

回转式蔟架的悬挂

图 3-36 自动回转式方格蔟组装与使用方法

六、塑料折蔟上蔟

塑料折蔟采用无毒聚乙烯制成，具有经久耐用、便于洗刷消毒与收贮保管等优点，能提高蚕茧质量和采茧工效，但吸湿性较差，需掌握正确的使用方法才能发挥其优势。塑料折蔟宽 80 厘米、峰高 8 厘米、长 14 峰或 16 峰，上蔟密度为每平方米 350~400 头。每张蚕种需 14 峰的塑料折蔟不少于 60 片、16 峰的不少于 55 片。用塑料折蔟上蔟要适当偏迟，要等大部分蚕熟透即蚕全身透明、部分熟蚕已经排尿时为上蔟的最佳时机。若人工捉蚕上蔟应先在蚕匾等物具上垫纸两层，再平行放置两根直径约 3 厘米的小木棒将蚕蔟均匀拉开（约 1.2 米）固定，将熟蚕均匀地撒在蚕蔟上；如采用自动上蔟，则在熟蚕达 80%~90% 时，将蚕蔟均匀拉开平覆在蚕座上（峰间距 6 厘米），利用熟蚕向上爬的习性自动上蔟结茧。上蔟 24 小时后打开门窗，等茧壳定形时抽去垫纸或将蔟挂起，通风排湿，防止蚕茧发黄（图 3-37）。

专家指点：每期养蚕结束，将塑料折蔟放入 1%~1.5% 漂白粉溶液中至少浸泡 1 小时消毒、去除异味，清理蔟上异物后将蚕蔟折叠捆紧放在阴凉干燥处贮藏，以延长使用寿命（图 3-37）。

捆扎好的塑料折蔟

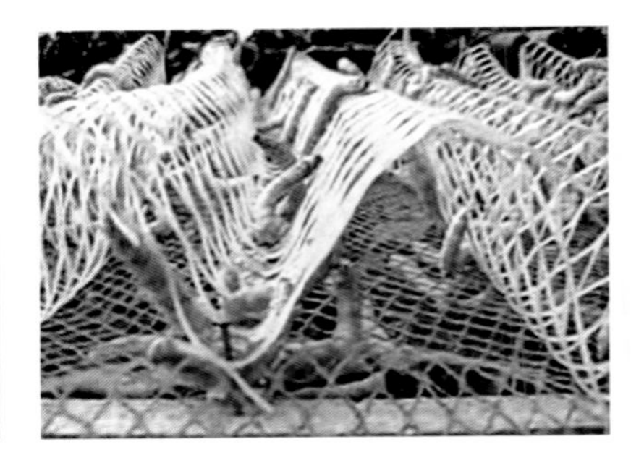

拉开塑料折蔟

悬空蚕蔟

图 3-37　塑料折蔟及其使用方法

七、蔟中保护

一般熟蚕上蔟 2~3 天后吐丝结束，蛰伏于茧中，体躯缩短，约经 2 天就蜕皮化成了嫩蛹，再经 2~3 天嫩蛹皮变成了黄褐色，即可采茧。从上蔟到采茧这一时期的保护，称为蔟中保护。其保护环境与蚕茧品质密切相关，若蔟中环境不良，蚕茧品质会下降，不能缫丝的下茧数量也会增多，尤以吐丝营茧期的影响最大。环境影响因素主要有温度、湿度、气流、光线等。

（1）温度：不仅影响熟蚕营茧速度，而且对茧丝质量影响很大。在合理的范围内，温度高吐丝快，温度低则吐丝慢。若温度过高，引起丝胶蛋白变性，增加茧丝之间的胶着力，离解困难，缫丝时落绪茧增多；温度过低，吐丝缓慢则导致肥大粒状的形成，缫丝时容易拉断造成落绪。合理的温度应是：前 2~3 天上蔟吐丝期 24.5~25℃，后 4~5 天结茧化蛹期 24℃。

（2）湿度：熟蚕上蔟后要排泄大量蚕尿，容易造成蔟中多湿。多湿则一定会致使所营蚕茧的茧层含水率高，茧色差，所吐茧丝与茧丝之间的胶着面积大，煮茧时膨润溶解困难，解舒差。反之，蔟中较干燥，茧色白，茧丝与茧丝之间的胶着面积小，解舒优良。但如果干燥过甚，胶着面积过小，则容易形成多层茧、绵茧。蔟中湿度一般以相对湿度 70%~75% 为宜。采用自动上蔟方式上蔟的，待茧成形后应及时清理蚕沙，以防蒸热导致茧色变黄。

（3）气流：一般刚上蔟时，宜适当换气，不宜强风直吹，以防熟蚕向避风一面密集，双宫茧增多；上蔟一昼夜后，茧已基本形成，即可开门通风，气流 1 米/秒；当茧壳见白后，蚕吐内层丝，茧内排湿更困难，应将门窗全部打开，加大排湿力度。若遇雨天，室外湿度大于室内时，则可暂时关闭门窗，待天晴后，立即打开；如遇强风，可暂关门窗。遇到无风气闷时可以使用风扇，以加大气流。无论是高温多湿或低温多湿环境，都会给蚕茧解舒造成恶劣影响，只有加强蔟中通风换气，充分排除茧内外湿气，才能提高蚕茧解舒率。

（4）光线：熟蚕有背光性，如蔟室内光线明暗不均匀，熟蚕往往趋向暗处，暗处熟蚕密度必然增加，导致双宫茧增多和茧层厚薄不匀。如果光线亮度很强，熟蚕集于蔟底下结茧，则下茧增多，茧层含水率高，茧色不良。因此，蔟中要求各部分光线均匀，避免偏光和阳光直射。

八、采茧

采茧注意事项：一是分批采茧，做到先上先采、后上后采、不采“毛脚茧”；二是采茧前先拣除蔟中死蚕、烂茧、蚕粪等杂物，以免污染好茧；三是采茧时动作要轻，严防动作过大造成内染茧；四是分类采茧，按上车茧（上茧、次茧）、下脚茧（不能缫丝）分开采；五是防蒸热，刚采下的茧应平摊匾中，不可厚堆。

专家指点：春季采茧适期为上蔟6~7天，夏秋季为上蔟5~6天，晚秋季为上蔟7~8天，蚕蛹呈黄褐色。过早会导致采“毛脚茧”，易引发蒸热、茧质变劣；过迟不仅会导致寄生蚕蛹的蝇蛆钻孔而出，造成蛆孔茧，也会导致蚕茧出蛾，造成蛾口茧，降低收入。为了提高采茧效率，方格蔟、塑料折蔟均可利用相应的省力化采茧设备替代人工采摘（图3–38）。

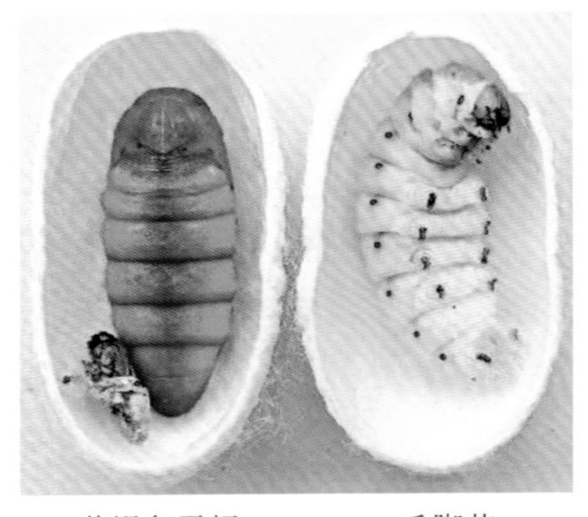
黄褐色蚕蛹　　毛脚茧

机械采茧

图3–38　采茧适期蚕蛹特征与鲜茧省力化采摘

九、不结茧蚕和次下茧的发生与预防

（一）不结茧蚕的发生与预防

吐丝结茧本来是蚕儿保护自身变态化蛹的一种本能。但一些病理或生理原因会造成蚕儿个体或群体不能正常结茧。

1. 微量农药（含烟草）中毒

在家蚕饲育过程中，食下被农药（含烟草）污染的桑叶，通过空气接触微量农药（含烟草），微量积累后中毒程度会逐渐加重，使蚕儿神经中枢的调节功能失调，丧失了吐丝能力，造成不吐丝结茧。4龄以后的大蚕微量中毒更易造成不结茧蚕，或者结薄皮茧。主要预防措施有科学规划桑园用药，避免桑树与其它经常性用药作物、烟草混种，确保蚕作安全期等。

2. 蚕病感染

大量病原微生物在蚕儿上蔟前感染蚕体并大量繁殖，直接或间接影响丝腺分泌功能及其正常发育。此外，蜕皮激素或保幼激素使用不当也会诱发不结茧蚕。主要预防措施有加强消毒防病，注意避免过多、不当使用激素，特别是保幼激素类的增丝灵、增丝素等。

3. 不良环境

蚕儿在饲育过程中接触了邻近化工厂、砖瓦厂、水泥厂、窑场等产生的工业废气，引起的微量中毒导致不结茧蚕。如家蚕长期食下氟化物含量较高的桑叶，在上蔟时会发生不结茧蚕。5 龄后期与蔟中环境的湿度太大、温度过高过低和空气污浊等也均会导致丝腺发生异常，不结茧蚕会明显增加。主要预防措施有规避工业废气污染，加强大蚕后期饲养环境与蔟中环境的通风管理，及时清理蚕沙等。

4. 叶质不良

5 龄期食下了大量嫩叶或严重偏施氮肥桑叶的蚕儿，在饲育温度过高、蔟室内温度过低、湿度过大的条件下，易诱发蚕儿不吐丝结茧的现象。主要预防措施有加强桑园管理，多施有机肥等。

（二）常见次下茧的发生与预防

1. 双宫茧

双宫茧是 2 头及以上数量的熟蚕在一个茧腔内所结成的一个蚕茧，又称同宫茧。茧特大、特厚。主要是由上蔟过密、熟蚕过熟、光线明暗不均匀、一面强风、蔟具不良、蔟中高温等原因引起，也与蚕品种有一定关系。其主要预防措施有选用方格蔟等优良蔟具上蔟，密度适中，适熟上蔟，蔟中光线均匀，避免强风直吹与高温多湿等。易结双宫茧品种应偏稀上蔟、适熟上蔟。

2．薄皮茧

薄皮茧是茧层薄、疏松而柔软的蚕茧，手触无弹性。主要是由食桑不足、感染蚕病、轻微农药中毒及过熟上蔟等原因引起。主要预防措施有良桑饱食，加强消毒防病，预防农药中毒，适熟上蔟等。

3. 蛆孔茧

蛆孔茧是茧层上有1个小圆孔的蚕茧。这是由多化性蚕蛆蝇寄生家蚕，结茧后蝇蛆咬破茧层而致，在农村中夏秋蚕茧发生频率较高。主要预防措施有大蚕房加防蝇门窗，5龄期及上蔟前添食“灭蚕蝇”，茧站及时烘烤所收购的鲜茧。

4. 黄斑茧

黄斑茧是茧层表面有黄色斑渍的蚕茧，程度轻的为黄斑次茧，严重的为黄斑下茧。主要是由蔟中熟蚕排泄的粪尿或蔟中烂死蚕的污液染及茧层所致。主要预防措施有适熟及时上蔟，避免未熟蚕与熟蚕混上，使用方格蔟，蔟中通风，及时清理蔟中游山蚕等。塑料折蔟切忌蔟上叠蔟。此外，蔟中湿度过大，或人为添加湿度会使整个蚕茧变黄，解舒率降低，茧质下降。

5. 印染茧

印染茧是指带病上蔟营茧的蚕儿中途死去，死蚕腐烂后污液从内层逐渐渗透到外表的蚕茧。隐约可见内染印迹的为轻染茧，外表已有黑污斑者为重染茧。主要是由细菌病、脓病、农药中毒等病害所致。主要预防措施有蚕期消毒防病，预防中毒，上蔟前适当添食抗生素类细菌病防治蚕药等。

6. 柴印茧

柴印茧是指茧层有蔟枝或蔟器印痕的蚕茧，有条状、钉孔状、平面状等，根据印痕的大小、深浅可分为轻柴印次下茧、重柴印下茧。主要是由蔟具不当与上蔟过密、过熟所致。主要预防措施有选择方格蔟等优良蔟具，避免上蔟过密，上蔟过熟等。

7. 毛脚茧

毛脚茧是指蚕儿吐丝结茧而未化蛹的蚕茧。主要是由人为提前采茧、蚕儿轻度染病中毒不能化蛹等原因引起。主要预防措施有适时采茧，避免早采茧；做好蚕期消毒防病，预防农药中毒。

8. 畸形茧

畸形茧是指茧形明显异于正常茧形的茧，有严重尖头、薄头与多角等。主要是由于轻微农药中毒、营茧位置不当、蔟中温湿度过高、光线不均匀、一面强风、上蔟过熟等原因引起。主要预防措施有上蔟密度不能过密，塑料折蔟、方格蔟应合理展开固定，控制蔟中温湿度、光线均匀度、强风直吹，预防农药中毒等。

9. 红斑茧

红斑茧是指茧层表面呈现淡红色斑点，或柴印痕迹处显现淡红色的蚕茧。主要是环境中或蔟具上有灵菌感染，蔟中多湿或蔟具潮湿导致繁殖所致。应防止灵菌性细菌环境感染与蔟中潮湿。

10. 多层茧

多层茧是指每层茧层不是相互粘胶在一起，而是有间隔地分成了数层的蚕茧。主要是在吐丝营茧过程中温度昼夜变化剧烈或高温干燥所造成。应防止蔟中温度剧变，过分干燥时应适当补湿。

11. 绵茧

绵茧是指茧层胶着力小，缩皱不明而呈松浮状的蚕茧。凡茧层组织松浮，手触软的为下茧；手触较硬而见有浅缩皱的作次茧。主要是由蔟中过分高温干燥所致，与品种特性也有关系。在蔟中过分干燥时应适当补湿。

第九节　鲜茧收购与干燥处理

一、鲜茧收购

（一）鲜茧分类

鲜茧一般分为上茧、次茧和下茧三大类。上茧又称好茧，是指茧形、色泽、茧层厚薄及缩皱正常，无疵点的茧。次茧是指茧层有疵点，或蛹体不正常，但不属下茧的茧，包括蚕农自行剥去茧衣的光茧、轻黄斑茧、轻柴印茧、轻薄头（腰）茧，轻绵茧、轻畸形茧、轻异色茧、轻污染茧、厚薄皮茧、僵蚕茧、死笼茧、内印茧、内染茧及粒茧重量为 0.8~1.19 克的小茧。下茧又称下脚茧，是指茧层严重疵点，不能缫丝或很难缫制正品丝的茧，包括双宫茧、重黄斑茧、重柴印茧、重绵茧、重畸形茧、重异色茧、重污染茧、薄皮茧、薄头（腰）茧、特小茧、蛆茧、瘪茧、印头茧、烂茧（血茧）、多疵点茧、蛾口茧、削口茧、鼠口茧、霉茧及其它下茧。

（二）鲜茧交售

鲜茧采下后应薄摊在蚕匾中，出售时用透气的花篓、筐篓盛放，同时在中间插入竹制气笼或草把，以利于通风换气，切不可用密制袋装。运送鲜茧时动作要轻，尽量减少剧烈震动、轻装快运，防止日晒雨淋、重压，并按上茧、次茧和下茧三大类分开售茧。收购单位也应将鲜茧松装茧篮，以八分满为宜。茧篮以品字形堆积，高度以不超过六层为宜，中间留有消防与运输通道，离墙 60 厘米以上（图 3-39）。

箩筐花篓盛茧

茧篮叠放鲜茧

图 3-39　鲜茧的松装

（三）鲜茧收购

鲜茧收购单位应执行“优茧优价、劣茧低价、按质评级、分级定价”的政策，即按质论价。传统的肉眼定级法是采用“看、摸、摇、比、定”的方法进行定级，现在这种方法只是出现在茧量为 10 千克以下的零星售茧场合，或者一些无评茧仪的临时收购点。目前，全国各主要蚕茧产区均制定统一的鲜茧分级标准，规范程序，科学评茧。其中具有代表性的鲜茧分级标准有山东省推行的鲜茧茧层率分级标准、浙江省湖州市推行的组合售茧缫丝计价分级标准以及江苏、四川、安徽等主产省普遍推行的干壳量分级标准。中国纤维检验于 2003 年颁布了国家鲜茧分级（干壳量）标准（GB / T19113—2003）。近些年来蚕茧生产技术不断进步，鲜茧分级标准也不停演变，四川等蚕茧主产区相继推出了分级检验更加简捷的鲜壳量分级标准。因此在阐述普遍推行的干壳量分级标准的基础上，也一并将鲜壳量分级标准予以介绍。次茧与下茧也有相应的分级标准。

1. 干壳量分级标准

（1）干壳量基本等级的分级标准　干壳量是指从蚕农出售的鲜茧中，抽取有代表性的样茧，再从其中抽取小样 50 克鲜光上车茧，切剖全部小样茧，将小样鲜茧壳烘至无水恒量即为干壳量值。干壳量分级标准规定以 0.2 克干壳量为一个茧级，满 0.1 克按 0.2 克计算，不满 0.1 克则尾数舍去。所谓干壳量基本等级，是指上车茧率在 100% 时的干壳量茧级。收购鲜茧基本上都以干壳量分级确定蚕农出售的鲜上茧（实际上还含有少部分次下茧，并非指标准上茧）基本等级（表 3-10）。

表 3-10　50 克鲜光上车茧干壳量分级标准
［GB / T19113—2003《桑蚕鲜茧分级（干壳量法）》］

分级项目茧级	干壳量 / 克	分级项目茧级	干壳量 / 克
特 3	≥ 11.6	10	≥ 9.2
特 2	≥ 11.4	11	≥ 9.0
特 1	≥ 11.2	12	≥ 8.8
1	≥ 11.0	13	≥ 8.6
2	≥ 10.8	14	≥ 8.4
3	≥ 10.6	15	≥ 8.2
4	≥ 10.4	16	≥ 8.0
5	≥ 10.2	17	≥ 7.8
6	≥ 10.0	18	≥ 7.6
7	≥ 9.8	19	≥ 7.4
8	≥ 9.6	20	≥ 7.2
9	≥ 9.4		

注：表中所列干壳量分级数值均为下限值，20 级以下为级外级品。

基本等级：

国家规定桑蚕鲜茧基准级质量标准是：鲜茧茧层率 16%，上车茧率 100%，茧层含水率 13.5%。按此推算 50 克鲜茧的干壳量基准级为：基准级干壳量（克）＝ 50 克 ×16%×（1−13.5%）＝ 6.92 克。

在现行标准中，为便于计算，将基准级的干壳量由 6.92 克改为 7 克。每 0.2 克为一个级差，满 0.1 克即上靠一级。例如干壳量 7.3 克按 7.4 克定级，依此类推。各级的价差为不等差。干壳量检验计算的办法，各省之间并不完全相同。

（2）桑蚕鲜茧收购标准补正规定　干壳量检验仪是依据所抽样茧得出的基本茧级，还应根据收购标准的各项补正规定，分别检测各自应提升或降低的级数，进而综合评定出最终茧级。有关桑蚕鲜茧收购标准的一般补正办法如下：

① 上车茧率。上车茧率是指能够缫丝的蚕茧占全部蚕茧的百分比，上车茧包括上茧和次茧。计算公式为：上车茧率＝ $\frac{\text{上车茧量}}{\text{总茧量}}$ ×100%。

上车茧率愈高，出丝率就愈高，缫折也愈小，表明蚕茧质量较好，反之则差。因此上车茧率是检验蚕茧质量的重要指标。以 100% 为基础，每降低 5% 降一级。满 2.5% 作 5%、满 7.5% 作 10% 计算。例如，上车茧率为 92.5%，应按 95% 计算；上车茧率为 92.4%，应按 90% 计算，依此类推。当上车茧率低于 70% 时，做次茧处理。

② 色泽、匀净度。色泽是指茧层的颜色和光泽，以茧层外表洁白、光泽正常、茧衣蓬松者为好，茧层外表灰白或米黄、光泽呆滞、茧衣萎瘪者为差，介于上述二者之间者为一般，好者升一级，差者降一级。匀净度是指上茧量占上车茧量的百分比，以匀净度 85% 及以上者升一级，70%~84.99% 者为一般，不满 70% 者则每降 2.5% 降一级，直至不满 50% 者按次茧收购，每千克茧的粒数在 800 粒及以上者也按次茧收购。

③ 优良蔟具茧。色泽、匀净度均好，且无钉、条柴印者的方格蔟茧，

升一级。

④ 茧层含水率。茧层含水率是指茧层含水量占茧层原量的百分比。

$$茧层含水率（\%）=\frac{茧层原量-茧层干量}{茧层原量}\times 100\%$$

茧层含水率12.99%及以下者升一级，13%~16.99%者不升不降，17%~19.99%者降一级，20%~22.99%者降二级，23%~25.99%者降三级，26%以上者当次茧处理。

⑤ 好蛹率。好蛹率是指化蛹正常、蛹体表皮无破损并呈黄褐色的蛹。

$$好蛹率（\%）=\frac{50克样茧粒数-毛脚、死笼等非正常蛹的茧粒数}{50克样茧粒数}\times 100\%$$

好蛹率95%~100%者升一级（没有通过50克鲜茧干壳量检验者不得升级）；90%~95%者不升不降；80%~89.99%者降一级；70%~79.99%者降二级；依此类推。有僵蚕（蛹）茧者，好蛹率和色泽、匀净度均不得升级，该降则降。僵蚕（蛹）率30%及以上者按次茧收购。

2. 鲜壳量分级标准

此方法以鲜壳量基本等级作为评茧基础，减少烘干茧壳程序，故简单快速。

（1）鲜壳量基本等级的分级标准

鲜壳量是指从蚕农出售的鲜茧中，抽取有代表性的样茧，选除下茧后，再从其中抽取小样50克，剥去茧衣，切剖全部小样茧，随后将小样鲜茧壳及削口部分全部放在电子天平上，所称量的50克鲜茧茧层量即为鲜壳量值。鲜壳量分级标准规定以0.1克鲜壳量为一个茧级（表3-11）。

表3-11　50克鲜茧鲜壳量分级标准

茧级分级项目	鲜壳量/克	茧级分级项目	鲜壳量/克
特3及以上	≥ 12.2	19	≥ 10.0
特2	≥ 12.1	20	≥ 9.9
特1	≥ 12.0	21	≥ 9.8
特	≥ 11.9	22	≥ 9.7

续表

茧级分级项目	鲜壳量/克	茧级分级项目	鲜壳量/克
1	≥ 11.8	23	≥ 9.6
2	≥ 11.7	24	≥ 9.5
3	≥ 11.6	25	≥ 9.4
4	≥ 11.5	26	≥ 9.3
5	≥ 11.4	27	≥ 9.2
6	≥ 11.3	28	≥ 9.1
7	≥ 11.2	29	≥ 9.0
8	≥ 11.1	30	≥ 8.9
9	≥ 11.0	31	≥ 8.8
10	≥ 10.9	32	≥ 8.7
11	≥ 10.8	33	≥ 8.6
12	≥ 10.7	34	≥ 8.5
13	≥ 10.6	35	≥ 8.4
14	≥ 10.5	36	≥ 8.3
15	≥ 10.4	37	≥ 8.2
16	≥ 10.3	38	≥ 8.1
17	≥ 10.2	39	≥ 8.0
18	≥ 10.1	次茧	< 8.0

此分级标准及补正规定均由四川省安泰茧丝绸集团有限公司提供。目前，也有采取 0.2 克或 0.3 克鲜壳量为一个级差的鲜茧收购标准。

（2）鲜壳量分级的补正规定　鲜壳量检验仪是依据所抽取样茧得出的该批鲜茧的基本茧级，还应根据收购标准中相应的各项补正规定，分别检测各自应提升或降低的级数，进而综合评定出最终茧级。

①上车茧率：以 95% 为基础，茧级不升不降；95%~97% 每增一个百分点升一级；98%~100% 每增一个百分点升二级；90%~94% 每降一个百分点降一级；90% 以下每降一个百分点降二级；建议 92% 以下复选达标后出售。

②茧层含水率：13%~16% 茧级不升不降；13% 以下每低一个百分点，升一级；16% 以上每高一个百分点降一级；21%（含 21%）以上每高一个百分点降二级；建议过潮茧（含水 22% 以上）摊晾后再出售。

③好蛹率：50 克样茧，好蛹率 100%（非正常蛹 0 粒）升一级；非正常蛹（死蛹、僵蛹、死蚕、内染茧或蛹、印头茧或蛹、毛脚、嫩蛹每 2 粒折合 1 粒算）3 粒以内不升不降，3 粒以上每增加 3 粒降一级。僵蚕蛹 1 粒降一级。

④色泽、茧型：茧色下等，茧型大小开差大、有畸形为差，降一级。

3. 次茧评茧标准

以次茧占 80% 及以上为一等；次茧占 65%~79.99% 为二等；次茧占 50%~64.99% 为三等。

4. 下茧评茧标准

（1）双宫茧 以好双宫占 80% 及以上，茧层厚，茧色白为一等；好双宫占 60%~80%，茧层中等，茧色次白为二等；好双宫不满 60%，茧层薄，茧色次白为三等。

（2）黄斑、柴印、蛆孔茧类 以黄、柴、穿孔茧及次茧占 80% 及以上为一级；黄、柴、穿孔茧及次茧占 60% 到不满 80% 为二级；黄、柴、穿孔茧及次茧不满 60% 为三级。

（3）印头、烂茧、薄皮茧类分级标准 以印头茧占 70% 及以上为一级；印头茧占 50% 到不满 70% 为二级；印头茧不满 50% 为三级。

（4）蛾口、削口、鼠口茧类 对这类茧，须将杂质（指蜕皮、草屑、蚕沙、碎壳等）剔除干净后，根据茧层厚薄，茧形和削（鼠）口大小，色泽好坏等因素来确定级别。一般分为三级，价格参考削口茧市场价。

5. 评茧的方法与步骤

为了贯彻评茧标准，体现蚕茧收购的公平性，应在开秤称前实地了解饲养蚕品种、生产和上蔟的具体情况，明确评茧员之间的职责分工和操作配合，通过典型开秤，统一目光，为顺利开展评茧工作奠定基础。

（1）干壳量分级标准的评茧方法

①评茧器械：包括样茧篮、评茧台、250 克盘秤（量程≥ 300 克，分度值 0.5 克）、50 克戥秤（量程≥ 50 克，分度值 0.1 克）、剪刀、削茧刀（单面刀片）、盛蛹器、样品袋、烘箱台、评茧仪（13 克≥量程≥ 6 克，分度值 0.1

克）等，其中衡器均可替为电子天平。

②评茧方法

a. 用肉眼评定色泽。

b. 用 250 克样茧检验上车茧率、匀净度。

c. 剥去茧衣，用定量定粒法抽取 50 克鲜上车光茧，削剖后检验非好蛹粒数，称准鲜茧壳量。

d. 将样茧壳烘至无水恒量，用评茧仪测定干壳量，得出基本茧级。

e. 根据鲜壳量和干壳量计算出茧层含水率，根据各项补正规定计算升降等级，最后得出核定的综合茧级。

③评茧步骤

第一步，抽大样，评定色泽，过磅。

a. 将茧倒在评茧台上，检查有无毛脚茧，毛脚茧退回（图 3–40）。倒茧时随时注意茧质变化，发现茧质有明显差异及特潮，应分别处理，分别抽样，如是方格蔟茧要检查有无钉、条柴印茧，细致观察整批茧的色泽，评定色泽的好差。

b. 抽样必须有代表性，均匀抓取每一筐茧，每笔抽样茧不得少于 1 千克。

c. 过磅称重，计算总茧量。

d. 将样茧打匀官堆，均匀分为四区，由蚕农自己选定一区，从该区中称准鲜茧 250 克作为检验样茧，送至检验台。

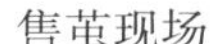
售茧现场

检验员评茧台验质

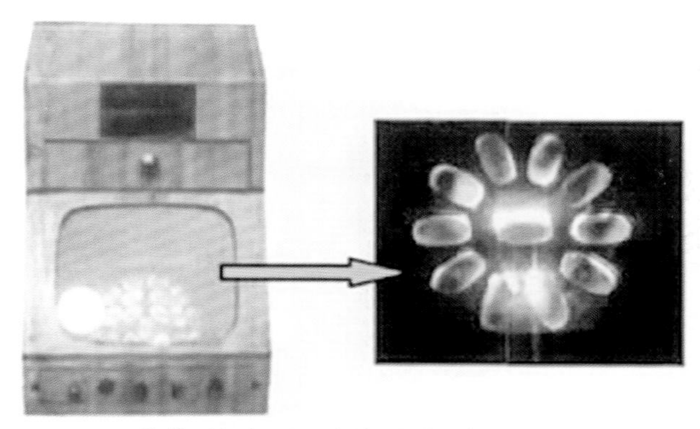

茧体透视仪（可直接识别毛脚茧与蚕蛹）

图 3-40　仪评售茧

第二步，检验上车茧率和匀净度，抽取小样。

将样茧（250 克毛茧）数清总粒数，选出下茧，发现双宫一粒作二粒记入总粒数。称准下茧重量，计算出上车茧率。在 250 克样茧的上车茧中，抽取 50 粒，选出次茧，称准上茧质量，计算出匀净度。

用定量定粒法抽取小样，即在上车毛茧中抽出 50 克样茧的总粒数（包括下茧的 1/5 茧粒数，尾数按四舍五入计算）。在抽取时不能摇听内印、化蛹等，确保取样随机。剥去茧衣，称准 50 克光茧量，再逐粒剖开茧层，倒清蛹及蜕皮，点清蚕蛹与茧壳数相符无误。发现有非好蛹时作出记录，以计算好蛹率。如发现有血茧、内印茧、死笼茧需以同等粒数重量调换。称准鲜茧壳原量，作出记录，然后将样茧壳放入纸袋内，送至烘箱处。

第三步，检验干壳量。

检验茧壳内是否留有蛹及蜕皮，将茧壳倒入烘盘，放进预烘箱进行干燥，先预烘，后决烘，当评茧仪指针相对稳定时（此时茧壳一般变为蜡黄色）的读数即为干壳量（无水恒量），便可定出基本级。

根据上车茧率、色泽和匀净度、好蛹率、茧层含水率、是否方格蔟茧、有无僵蚕蛹等得出应评的综合等级，由此计算出该批鲜茧的收购价格。

最后数清干壳粒数，装好样茧袋封存保管，以便留样复查。

专家指点：智能评茧仪将电子称重与电导法测定含水率融合在一起，能完成干壳量标准评级检验的全部称重。称量250克大样，调查上车茧与好茧重量；称量50克小样，调查50克茧的茧层量。进一步测定茧层含水率，智能计算上车茧率、匀净度及干壳量，并按照干壳量分级标准的规定，智能分析确定和显示干壳量决定的基本茧级、上车茧率、匀净度、含水率补正级数与综合等级（图3−41）。

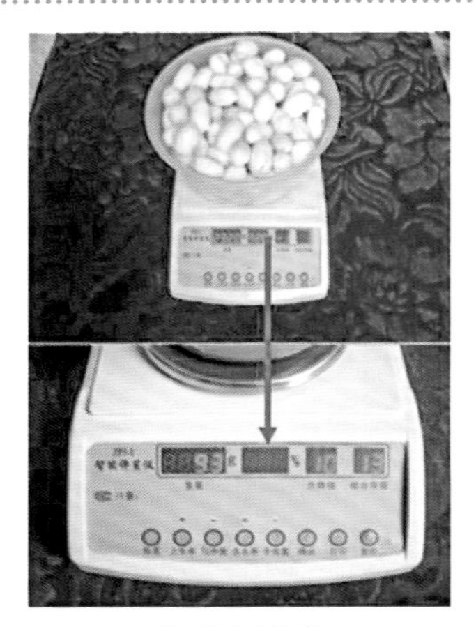

智能评茧仪

茧层含水率探测仪

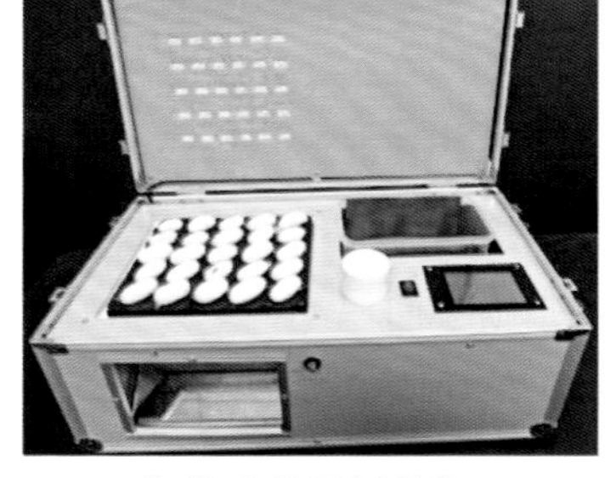

智能全茧量评茧仪

图3−41　智能评茧仪及其相关配套仪器

（2）鲜壳量分级标准的评茧方法

①评茧器械：评茧台、茧层含水测试仪、台秤、小刀、电子秤、蚕茧透视仪、仪评编码（一式两份，一份随蚕农，一份随样茧，编码上要注明蚕农姓名、售茧编号、当批茧量、茧层含水率、色泽等信息）。

②评茧方法：a. 初验上车茧率、化蛹率、茧层含水率；b. 售茧检测台进行逐筐检测茧层含水率；c. 检查色泽、抽大样；d. 根据售茧量确定相应抽样次数、检验上车茧率、抽小样；e. 茧层量称量、好蛹率调查、综合各项补正规定计算升降等级，最后得出核定的综合茧级。

③评茧步骤

第一步，初验上车茧率、化蛹率、茧层含水率。

a. 进行初验。由质检员初验调查上车茧率是否在 95% 以上，化蛹率是否达到 90% 以上。尾茧是否单独分类（尾茧上车茧率达 95%，数量在 3% 以内，可不抽样，价格同正茧；超过 3% 以上，单独目评作价），并用茧层含水测试仪初查茧层含水率是否在 16% 以下，如达不到上述基本标准，劝其选择化蛹达标、单独分装、摊晾后再参与仪评。

b. 检测茧层含水率。初验合格后，由质检员用茧层含水测试仪在蚕茧过售茧检测台后进行逐筐检测（筐数超过 5 筐时，检测一半以上）。若筐数较多，用茧层含水测试仪探测各筐读数不一致时，则取其平均值，随即将读数准确填在售茧卡上。

第二步，评定色泽，抽大样。

经过检测台的蚕茧，质检员首先检查色泽是否洁白、一致，随即将指标连同台数分别填写在预约售茧卡上，同时在检测台前逐筐对各部位均匀抽取样茧（建议在检测台上将售茧摊开逐筐抽样），形成 1.0 千克左右综合样，再混匀后准确称取 0.5 千克大样，连同预约售茧卡一并装入样茧筐，由专人送至仪评室评级。

根据蚕农当季售茧量多少，确定相应抽样次数。具体标准如下：每批次鲜正茧在 200 千克以内的做 1 次仪评，200~1000 千克的做 2 次仪评，1000 千克以上做 3 次仪评，取平均值定级定价。

第三步，选上车茧，抽小样，鲜茧仪评定级。

a. 检测上车茧率：仪评组在 0.5 千克样品中选净下脚茧，检测上车茧率。

b. 称 50 克小样：在上车茧样中随机抽取，准确称量 50 克小样。当样茧不足或大于 50 克时，要通过换茧调节直至 50 克标准，以减少误差。

c. 检验茧层量、好蛹率：把称好的 50 克小样，先剥去茧衣，再逐粒削茧随即倒出茧腔中的蜕皮及蛹体或僵、死、内染蚕茧，内染蚕茧层面积小，则刮擦干净污染面，内染茧层面积大时，则削去污染面积 1/2 的茧层面积；

随后将50克小样茧壳及削口部分全部放在电子秤上，称量50克鲜茧茧层量，对照当季鲜壳量价格表，确定基本级；最后鉴定非正常蛹粒数。

d. 综合评级定价：根据鲜壳量定基本级，结合茧层含水率、上车茧率、非正常蛹、色泽指标补正调节核定最终等级，定出价格，由仪评组二人以上签字确认生效。

二、烘茧

（一）烘茧场地

烘茧场地包含鲜茧秤场、蚕茧堆场、干燥场地及附属设施。它们面积大小应按全年最多一期需干燥的鲜茧量确定。

（1）鲜茧秤场　每50吨鲜茧配备秤场面积100平方米。鲜茧量每增加一倍，秤场面积扩大25平方米。

（2）蚕茧堆场　包括鲜茧堆场、半干茧堆场和干茧堆场。每吨鲜茧一般配备15~20平方米。应避免日晒雨淋，防止虫鼠危害，通风干燥，清洁，靠近烘房，方便烘茧。鲜茧已化蛹的，春茧、中晚秋茧堆放不宜超过48小时，夏茧、早秋茧堆放不宜超过24小时。死笼茧、出血蛹茧、僵蚕（蛹）茧、内印茧等容易污染的下茧应及时烘烤。

（3）干燥场地　每50吨鲜茧配备面积120平方米。

（4）附属设施　办公用房、生活用房、机电用房、燃料堆放处及消防设施设备等。

（二）烘茧设备

烘茧设备对蚕茧质量的保证与提高至关重要。生产上烘茧设备可分为自动循环热风烘茧机（以下简称烘茧机）、车子风扇烘茧灶（以下简称烘茧灶），但烘茧机正逐步取代烘茧灶。烘茧机具有热风循环管道装置，管道循环于灶内空间及墙壁或者地面，配合扇风，使热能利用充分，热气均衡。目前生产上主要推广的新型环保节能自动循环热风烘干机属于热风强制对流干燥蚕茧的烘干设备，适合我国各大、中、小型茧站的蚕茧干燥作业，具有机械运转平稳、热效率高、生产能力大、干燥均匀、色泽好、洁净优等特点。热源系统有燃煤、天然气、电和生物质颗粒等多种热源可供选择；热风温度、烘干时间和排湿量均可调节与控制，还可适应多种其它物料干燥工艺要求；省工、环保节能、温度稳定、操作简单、维护方便。

1. 新型设备的自动循环系统

整机由热交换系统、热风配送系统、烘室及筛网传动系统、自动铺料装置、自动出料装置、排湿系统和控制系统组成，其方框图如图 3-42。

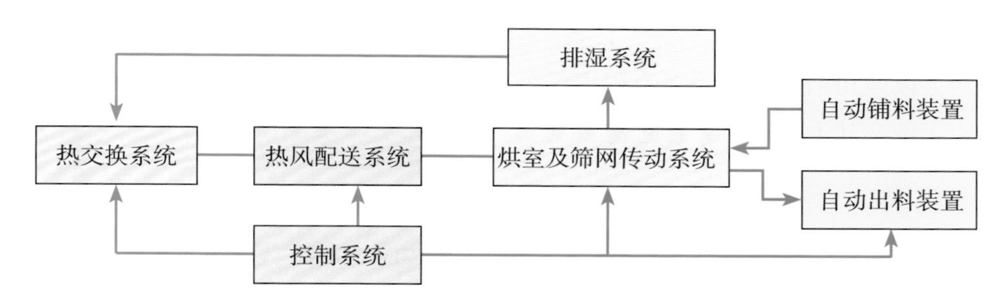

图 3-42　环保节能自动循环热风烘干机的系统组成

2. 新型设备的自动循环原理

烘茧机的加热器（热风炉）把风机送入的冷空气加热至需要的温度后，由热风配送系统按蚕茧干燥工艺要求分别从烘室的上部和中部送入，鲜茧经自动铺料装置输入至烘室顶层筛网，在传动机构的带动下，蚕茧随筛网移动并翻落至下一层筛网，如此反复，依次通过高、中、低三个温区烘成干茧，最后由出料机输出机外冷却贮存。整个过程均由自动控制系统监测和控制。

3. 新型自动循环烘茧机

为了适应不同干燥工艺要求（如直干、头烘、二烘、含水率不同等），新型自动循环烘茧机的温度、网速、送风量、排湿量均可自由调节，以期达到最佳的工艺组合（图 3-43）。其控制系统还设置了烘室温度过高或总风温偏低声光报警，提醒操作人员注意保持烘干温度的稳定。

图 3-43　生物质燃料 15 吨烘茧机（JNCJD-5GDC- Ⅵ 480 型）

以四川洁能干燥设备有限责任公司研制开发的 15 吨生物质燃料烘茧机为示例，其主要技术参数见表 3-12。

表 3-12　15 吨生物质燃料烘茧机主要技术参数

项目＼型号		JNCJD-5GDC- Ⅵ 480 型（15 吨）
干燥介质		干热空气
热风炉出口风温（主温区）		120~160℃(可调)
筛网运行速度		0~1.2 米/分（可调）
铺茧重量		6.5~7.0 千克 / 米^2
烘茧时间	鲜茧—适干	270~300 分钟
	鲜茧—半干	120~150 分钟
	半干—适干	150~180 分钟
干燥均匀度		92% 以上
缫丝解舒率		比土灶提高 5%
筛网层数		6
整机外形尺寸（长 × 宽 × 高）		38.67 米 ×4.5 米 ×3.1 米
烘室外型尺寸（长 × 宽 × 高）		29.736 米 ×3.128 米 ×3.045 米
整机总功率		45.3 千瓦
送风排湿方式（温度、湿度可调）		二送风、二排湿

续表

<table>
<tr><td rowspan="3">机内温度（可调）</td><td>高温区</td><td>110~120℃</td></tr>
<tr><td>中温区</td><td>95~105℃</td></tr>
<tr><td>低温区</td><td>60~75℃</td></tr>
<tr><td rowspan="2">日处理鲜茧能力</td><td>鲜茧—半干</td><td>30 吨</td></tr>
<tr><td>鲜茧—适干</td><td>15 吨</td></tr>
<tr><td colspan="2">每班操作人数</td><td>3 人</td></tr>
</table>

（三）烘茧工艺和技术标准

现在不同系列自动循环热风烘茧机所采取的烘茧工艺会略有差异，因其热风系统结构设计不同，主要有两类烘茧温度配置可供参考（表 3–13），至于具体烘茧机型的烘茧工艺则要依其自身参数予以调整。

表 3–13　自动循环热风烘茧机烘茧工艺和技术标准参考

<table>
<tr><td colspan="2">工艺</td><td colspan="10">温度 /℃</td></tr>
<tr><td colspan="2" rowspan="2">温度配置（类Ⅰ）</td><td colspan="2">主风温</td><td colspan="2" rowspan="2">高温区</td><td colspan="3" rowspan="2">中温区</td><td colspan="3" rowspan="2">低温区</td></tr>
<tr><td>高温区</td><td>中温区</td></tr>
<tr><td colspan="2">直干</td><td>130 ± 5</td><td>110 ± 5</td><td colspan="2">110 ± 5</td><td colspan="3">95 ± 5</td><td colspan="3">60 ± 5</td></tr>
<tr><td rowspan="2">二次干</td><td>头冲</td><td>130 ± 5</td><td>110 ± 5</td><td colspan="2">110 ± 5</td><td colspan="3">95 ± 5</td><td colspan="3">65 ± 5</td></tr>
<tr><td>二冲</td><td>110 ± 5</td><td>90 ± 5</td><td colspan="2">95 ± 5</td><td colspan="3">85 ± 5</td><td colspan="3">60 ± 5</td></tr>
<tr><td colspan="2" rowspan="2">温度配置（类Ⅱ）</td><td colspan="2">主风温</td><td rowspan="2">一层</td><td rowspan="2">二层</td><td rowspan="2">三层</td><td colspan="2" rowspan="2">四层</td><td rowspan="2">五层</td><td colspan="2" rowspan="2">六层</td></tr>
<tr><td>高温区</td><td>中温区</td></tr>
<tr><td colspan="2">直　干</td><td>140 ± 5</td><td>120 ± 5</td><td>105 ± 5</td><td>112 ± 5</td><td>97 ± 2</td><td colspan="2">82</td><td>76</td><td colspan="2">68</td></tr>
<tr><td rowspan="2">二次干</td><td>头冲</td><td>140 ± 5</td><td>120 ± 5</td><td>105 ± 5</td><td>112 ± 5</td><td>90 ± 2</td><td colspan="2">80</td><td>68</td><td colspan="2">64</td></tr>
<tr><td>二冲</td><td>120 ± 5</td><td>105 ± 5</td><td>102 ± 5</td><td>105 ± 5</td><td>83 ± 2</td><td colspan="2">77</td><td>72</td><td colspan="2">68</td></tr>
<tr><td colspan="2">烘茧湿度</td><td colspan="10">采取强制排湿，并由高温区和中低温区分别排湿。干燥室内各温区的湿度一般要求：高温区在 6% 左右，中温区为 12% 左右，低温区为 25% 左右</td></tr>
<tr><td colspan="2">气流速度</td><td colspan="10">干燥室内气流速度控制在 0.4~1 米/秒</td></tr>
</table>

续表

工艺	温度 /℃
铺茧厚度	直干和头冲以 2.5~3 粒为宜，约 6 厘米（滚筒与茧网间隙）；二冲以 3~3.5 粒为宜，约 6.5 厘米（滚筒与茧网间隙）
出灶标准	头冲出灶以 6~6.5 成为宜；直干和二冲出灶以蚕蛹断浆成小片，重油而不腻为宜
烘茧程度检查	一次干到第二网格末要求达到 6.5 成干左右；二次干头冲到第二网格末要求达到 4 成干左右，二冲到第二网格末要求达到 8 成干左右。出茧后 5 分钟、10 分钟，分左、中、右抽样抽取 2 次，看适干程度是否一致，是否符合要求
网速控制	启动茧网前，先将调速器调至零位，启动电机后，再慢慢调快调速器转速，直到达到设定网速，网速一经设定，一般不作调整
进、出茧操作	（1）运茧：鲜茧进站后要分类存放，分类烘茧； （2）进茧：倒茧宜用小茧篮，不用大茧篮；倒茧时要均匀、轻倒、少倒、勤倒，杂物一定要选出；看到茧网中蚕茧有空缺处要及时补上；不同类型的蚕茧铺茧时在茧网上要相隔 1 米以上； （3）出茧：看到茧网末段开始出茧时启动传送带，及时选出各类下茧，然后装篮；注意分清茧别，防止倒错官堆； （4）交接班：交班前，拣清落地茧，拣清干燥室挡板后漏下茧，并交代清楚相关情况

注：引自桑蚕茧干燥技术规程（TX03-15—2015），国家蚕桑产业技术体系。表 3-15 至表 3-16 同。

（四）干燥方法

鲜茧烘干处理的方法可分为直干和二次干。直干（又称一次干）是将鲜茧直接烘烤成适干茧，二次干是首先将鲜茧经头冲烘烤成半干茧，半干茧还性后，再通过二冲烘烤成适干茧。半干茧是指经烘烤杀蛹，而蛹体未烘至适干状态，蛹体水分超过 13% 以上的茧的统称。根据干燥程度分为 4 成干、5 成干、6 成干等。适干茧是指干茧嗅有微香、摇声清脆、捻蛹易碎散成小片状、不黏结的干茧。由于二次干的方法既可有效缓解烘力紧张的压力，又在使用相对简单的烘茧机（灶）时更加利于保全与补正茧质，下面仅就此方法简要介绍。

1. 头冲

头冲包括进灶、记录与半干茧检验等。进灶温度应根据各机型具体工艺要求进行，并由专人负责，定时记录温度，添加燃料，进行给排气等操作，检测各种仪表执行情况。干燥一定时间后，抽取样茧，检验蛹体干燥程度，进行半干茧蛹体检验（表 3–14）。当蛹体达到 6~6.5 成干，或烘率达到 60% 时出灶。

表 3–14　半干茧蛹体检验干燥程度标准

干燥程度	蛹体形态
4 成干	腹部刚起凹形，尾部开始收缩，翅迹稍瘪
5 成干	腹部凹形明显，头胸部饱满而凸起，两翅未起边线
6 成干	腹部深凹成乂形，两翅初起边线，背部弓起，尾部收缩
7 成干	腹部深凹、尚软，头部明显收缩，两翅边线明显
8 成干	腹部稍带软性，按捏有干厚浆

2. 半干茧处理

半干茧的堆放方法有垄堆、架堆、篮堆等，还性最快的为垄堆，最慢的为架堆，后者约比前者多 1/2 时间。

篮堆法：半干茧出灶按出灶日期先后装篮堆放，装茧九成满，篮堆八层高，对窗排六行，四周留通道，篮外无挂茧（图 3–44）。一楼堆场的底格应倒放一层空茧篮。如干燥成数开差较大，则应分别标识堆放，单独处理。在半干茧还性过程中，当茧篮中部蚕茧阴凉，茧层的弹性较弱，略有馊味，蛹体色稍

图 3–44　半干茧装篮堆放

暗时就可确定为还性适当。进二冲前，根据茧层潮湿程度和气候情况，垄堆6~12小时，再进行二冲。如果因烘力紧张，不能立即全部进灶，一般堆放3天后须换篮翻装一次。应注意还性适当，防止还性过度。

垄堆法：按半干茧出灶批次、时间分开堆放，要先散热1小时以上再地面垄堆，其垄高应不超过1米，宽不超过2米，垄间留通道，每24小时翻垄一次。6成以上半干茧还性4天，6成以下半干茧还性3天，在阴雨潮湿环境下各提前1天。

架堆法：架堆占用晾场面积最小，能充分利用设备，架高8~10层，层距1/3米左右。匾中间略呈凹形，末层离地面高0.67米。二冲前最好也垄堆一定时间。

3. 二冲

二冲包括铺网铺格、干燥及出灶等。将还性后的半干茧均匀铺于茧网上，送入机内进行干燥。二冲干燥工艺应按不同机型烘茧机的具体工艺要求执行。在预定出灶时间前0.5小时，抽取各方位有代表性的茧检查适干状况，当80%以上的茧嗅有微香、摇声清脆、捻蛹易碎散成小片状、不黏结为适干，即可出灶。

4. 干茧处理

干茧处理包括冷却包装、保管、装运等。干茧出灶冷却散热至自然温度后垄堆，垄高不超过1.5米，再装包。如出现干燥程度不一或干燥不当的茧则单独处理，标识清楚。在包装过程中坚决杜绝打热包，不踏瘪蚕茧。蚕茧干燥后，一般会在茧站保管一段时间后，才出运入库。

在保管过程中应做好以下几点：一是不同庄口干茧分别堆放。茧包要求堆垛在通风干燥处，二至四排一行，每行之间留1米宽通道，三面离墙0.7米以上，走道与墙间距1.4米。堆垛高度不超过舵梁，最高不超过10层，标签位置一致。二是干茧堆放后一个月内，每隔10天翻包一次，偏嫩庄口、多雨季节则要提前翻包。一个月后每隔30天翻包一次，偏嫩庄口、多雨季节则要15天翻包一次，入冬以后可延迟翻包时间。翻包时上下互换，里外互换，茧包翻面。三是干茧堆放场内外均挂干湿计，每天上午、下午定时检查记录，保持堆场内温度20~25℃，相对湿度65%±5%。

茧站堆放的干茧在装运至茧库保管或销售过程中，不同类别的干茧应分别做好标识，分类装运。做到不重踩、不重压茧包，防雨淋受潮、日光曝晒，卸载时分清茧别，分类堆放，防进库混杂。

5. 干茧检验

干茧检验包括感官检验与回潮率检验。

（1）感官检验。包括干茧出灶检验标准与干茧出茧站及入茧库检验标准（表3-15、表3-16）

表3-15　干茧出灶检验标准

干燥程度	标准
适干	微香、有微湿，摇茧声音清脆；捻蛹断浆成片，重油而不腻
偏老	浓香，摇茧声音轻微，捻蛹成粉，略带油
过老	捻蛹成小硬粒或硬块，断油
偏嫩	摇茧声音轻浊略带闷声，捻蛹成大片，带腻性
过嫩	捏蛹成饼，蛹浆似牙膏状

表3-16　干茧出茧站及入茧库检验标准

干燥程度	标准
适干	蛹体易碎，带油，无腻性
偏老	捻蛹成白粉，稍有硬粒，无油
过老	捻蛹成硬粒或硬块
偏嫩	捻蛹成薄片或软块，带重油，有腻性，不黏手指
过嫩	未断浆，黏手指

注：此为干茧出灶2~20天内的标准。

（2）回潮率检验。在干茧堆放场内抽取 500 克干茧，从中称取 50 克干茧，检验三次，测定茧层和蛹体平均回潮率。蛹体和茧层回潮率 11%~12% 为适干茧；蛹体回潮率超过 15% 为偏嫩茧；蛹体回潮率 12%，而茧层回潮率大于 15% 为受潮茧；蛹体和茧层回潮率均低于 8% 为偏老茧。

第十节　工厂化专业养蚕

一、工厂化养蚕模式

近年来，蚕桑家庭农场、专业大户、蚕工厂不断涌现，规模化、轻简化、专业化养蚕已成为蚕桑产业发展的必然趋势。在我国不同养蚕区域已经形成了各种各样的以轻简化技术为基本特征的栽桑养蚕新模式，其中以工厂化滚动养蚕模式的示范推广最为普遍、最为成功。即：在桑树连片规模化栽植基础上，桑叶轮采，桑园轮伐，全年实行不间断多批次养蚕，技术人员与养蚕人员相对稳定，蚕房蚕具利用率高。其技术核心是推广具有抗逆性特点的强健、优质、高产新品种，实行良种良法，努力实现稳产基础上高产、高产前提下稳产、高产稳产条件下优质的养蚕目标；其技术措施是从桑园管理、树型养成、桑叶收获、大小蚕饲养、上蔟采茧、消毒防病等栽桑养蚕各环节，集成省力高效新技术，配套标准化新设施，推广蚕桑专用新机械、设备与器具，逐步作业机械化；其技术特点是多批次连续养蚕，养蚕专业化、规模化、轻简化、工厂化。此外，充分发挥各类蚕桑资源的开发潜力，与各地其它优势特色产业融合，着力发展规模高效循环蚕业（图 3-45）。

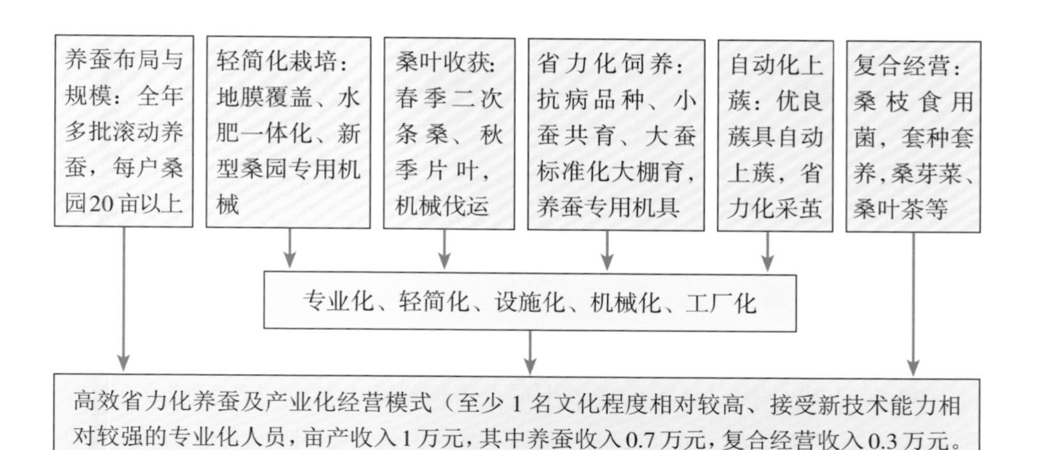

工厂化养蚕

工厂化上蔟

传动式大蚕饲养机械

桑枝食用菌林下栽培基地

图 3-45　省力高效产业化经营模式及湘潭信达茧丝绸公司的规模化养殖与栽培设施设备

专家指点：目前养蚕业专用机械有地膜覆盖施肥机、桑树伐条机、桑枝粉碎机、桑枝伐粉一体机、多功能耕整机、条桑伐运一体机、切桑机、大小蚕饲养机械、消毒机、喷粉机、采茧机、热风循环烘茧机等。

二、人工饲料育

传统的栽桑养蚕具有显著的季节性特点，养蚕时间受制于桑树的生长条件。20 世纪 70 年代，日本出现了小蚕人工饲料育，被业界认为是改变几千年来传统蚕桑生产模式的革命性技术。相对于传统桑叶育，人工饲料育所具有的优势在于：①人工饲料中添加了玉米、大豆等部分替代品，减少了桑叶用量，节约了桑园用地，可以人为控制饲料组成，饲料加工和养蚕生产实现了机械化、工厂化、智能化；②养蚕生产不受季节限制，可全年养蚕，能避免桑叶污染、养蚕中毒，减少蚕病；③更利于推进养蚕设施标准化、智能化，简化养蚕环节，实现产品标准化，大幅度提高工效，为产业持续发展提供了一条新途径。

我国已有 40 余年的人工饲料研究历史，但由于饲料、技术、设施、品种、需求等方面原因，一直未能在蚕茧生产上成为主要推广技术。近 10 年来，我国养蚕业正由分散式小农经济向适度规模化经营快速转变，人工饲料养蚕技术推广速度也由此加快（图 3-46）。目前，小蚕人工饲料育、大蚕条桑育省力化配套技术基本实用化，蚕农“十天养蚕”正在江苏如东等部分蚕区逐步实现。全龄人工饲料育也有了成功实践与示范，“工厂化养蚕”正在浙江巴贝集团等企业逐渐展开。

目前，在推广示范过程中所反映出的主要问题是：①生产 1 千克蚕茧的人工饲料成本明显高于桑叶育，同时还缺乏所有蚕品种都能良好取食的通用人工饲料，且饲料质量控制体系亟待完善；②缺乏适应不同蚕区不同季节的人工饲料育蚕品种，如品种选择不当，技术不到位，会表现出发育整齐度差、弱小蚕多、张种产量低、茧层质量薄等问题；③饲育人工饲料品种需要有更高的温度和多湿的饲育环境，这就要求配套高标准蚕房设施与完善的加温补湿设备，同时，规模化饲养必然会对养蚕环境、饲养技术、组织管理、废弃物处理等方面带来更高的要求与更大的压力，前期资金与技术投入成本也会随之增加。

小蚕人工饲料育　　大蚕人工饲料育

小蚕共育　　大蚕工厂化饲育

图 3-46　人工饲料育

第十一节　养蚕大棚的设计与建造

养蚕规模化必然会带来设施标准化。过去简易养蚕大棚主要是由蔬菜大棚演变而来，往往存在夏、秋易闷热，春、晚秋易寒冷，光照不足，温湿度控制困难等问题，这也是专业化、标准化养蚕设施建造中最关键的短板之一。设计建造结构合理，既具保温、保湿、防热、排湿、采光、通风以及利于彻底消毒等条件，又具简易、省力、节约成本等优点的标准化养蚕大棚势在必行。

一、棚址的选择

应该选择地势高燥、地形平坦、背风向阳、地下水位低的地方，而且水电便利、桑叶采运方便，远离烤烟、果园、菜园、砖瓦厂、化工厂等污染源，确保养蚕安全、无毒害。大棚坐北朝南，可避西晒。

二、面积与规格的确定

该大棚用于 4~5 龄期家蚕养殖，具有多功能特点，但必须以养蚕为主，兼顾其他复合经营。设计理念是利于气象调节、便于养蚕操作、经济实用。湖南省养蚕形式以蚕台育为主（一般 4 层以内），如果成林桑园 3~5 亩，一次养蚕 3~5 张，需 100~150 平方米的大棚 1 个（含 15~25 平方米贮桑室与 8 平方米附属室），一般南北宽 8~10 米，东西长 10~15 米。如果采用地面育形式，大棚建造面积则更大，应以实际蚕座面积不少于 34 米^2/张进行推算（25000 头 5 龄蚕所需最大蚕座面积）。大蚕贮桑室面积按照片叶 15 千克/米^2（松散堆 40 厘米高）贮桑量测算，单张蚕种 5 龄期 1 天最大用桑量为 120 千克，一次用桑量 40 千克，按照每次 2 倍贮桑，单张蚕种需要 5 平方米以上的贮桑面积。

三、标准大棚的设计与建造

目前，湖南省蚕业新区多以规模化养蚕为主，所建大棚需同批养蚕容量大，可满足多批次养蚕。如下以同批能养 12 张蚕种的标准大棚为示例进行阐述（图 3-47）。其它规格大棚可根据蚕座（蚕台、条行）宽度或单个蚕架摆放形式与数量来设计蚕房宽度，再依据规模最大批的养蚕数量确定蚕房长度，配以对应的贮桑室、附属室，就可最终确定需建蚕房的面积与规格。

（一）大棚的设计

棚宽 11.2 米，棚长 34.0 米。其中养蚕室长 21.0 米、贮桑间与附属房长 8.0 米、中间过道 5.0 米（图 3-47）。

养蚕室四周为开敞空间，下部 0.8 米高为砖砌实墙，用于防水、防雨、防鼠。砖砌实墙以上部分的开敞空间高 2.2 米，再以上部分至顶部为双层保温彩钢板。屋脊上安装降温淋水管和喷头，喷头间隔 1.0 米，便于降温；人字坡屋面两边分别安装 4 组涡旋无动力球形换气扇，便于通风排湿。建筑屋脊高 4.6 米，檐口高 3.6 米（图 3-48 至图 3-50）。

贮桑间四周墙壁为 24 厘米厚砖墙，地面先用素砂夹石垫层，再用混凝土硬化（C20 混凝土厚 100 毫米），并在室内建设 30 厘米 ×20 厘米的 U 形保湿水沟。屋顶脊上安装降温淋水管和喷头，喷头间隔 1.0 米；屋顶安装 1 组涡旋无动力球形换气扇。建筑屋脊高 2.8 米，檐口高 2.0 米（图 3-51 至图 3-52）。

过道部分南北二面为全开敞部分，利于桑叶进出。建筑屋脊高 3.6 米，檐口高 2.6 米。

室外四周建 0.9 米宽砂夹石垫层 + 混凝土散水街沿地面（C20 混凝土厚 100 毫米），并配套建设混凝土散水及砖砌明沟（宽 30 厘米 × 深 20 厘米）。采用自然通风和电风扇排气两种形式，光线为自然光线。

地面：首先应根据选址地方条件进行地基夯实，再用 80 厚 C15 混凝土垫层，刷水泥素浆一遍，面层用 20 厚 1∶2 水泥砂浆抹面压光。

外墙：养蚕房 0.8 米高墙体采用 120 厚页岩砖体，面贴 6 厚灰色外墙砖。用 15 厚 1∶3 水泥砂浆抹面，面砖用陶瓷墙砖胶黏剂粘贴，并用填缝剂填缝。贮桑间与附属房外墙用水泥砂浆抹面。

养蚕房开敞部分安装镀锌钢丝网，并内设双层活动隔热保温帘。

门窗：养蚕房的东西大门均为 2.0 米（宽）×2.1 米（高）的塑钢双扇弹簧门，贮桑间大门为 1.8 米 ×2.1 米的塑钢双扇弹簧门，附属房大门为 1.5 米 ×2.1 米的塑钢单扇弹簧门。在附属房安装 1.5 米 ×1.0 米带防蝇窗 1 个；

贮桑间东面安装 1.0 米 ×1.0 米带防蝇窗 1 个，南面、西面墙面 0.4~0.7 米高的区域用砖做成梅花形透气孔。

屋面：养蚕室、贮桑间及附属房的屋顶采用双层夹芯彩钢板保温隔热，过道屋面采用单层彩钢板保温。双层夹芯彩钢保温板：从外至内分别为 0.6 厚镀铝锌本色无涂层 360° 卷边 475 型镀铝锌压型钢板、0.5 厚进口防水透气膜、100 毫米离心玻璃保温棉（带进口阻燃防潮防腐蚀聚丙烯贴面）的夹芯、0.4 厚压型钢板内侧屋面板。

（二）大棚的结构

养蚕室平面尺寸 21.0 米 ×11.2 米，采用门式钢架结构，柱距两个 6 米、两个 4.5 米，跨度 11.2 米，共 5 榀钢架，每榀钢架采用工字钢柱（H300×220×6×10）和桁架式屋架。第 1、第 2 榀钢架和第 4、第 5 榀钢架柱间设柱间支撑和屋架水平支撑，屋架下弦用系杆相连。屋面檩条采用镀锌 C 形檩条，间距约 1.1 米，屋面采用双层夹芯彩钢板。山墙设工字钢抗风柱。基础部分采用独立基础加钢筋砼短柱，并设置钢筋砼基础梁。基础尺寸根据现场地质情况确定。

贮桑室和附属房为混合结构，墙体采用砌体 + 构造柱，屋面为 C 形钢檩条，间距 1.1 米，檩条上设双层夹芯彩钢板，大棚滴水檐宽 1.0 米，高 2.0 米。

（三）大棚的建造

大棚内部由养蚕室、贮桑间与附属房三部分组成，建筑使用净面积分别为 235.20 平方米、61.00 平方米和 22.20 平方米，建筑总面积 337.27 平方米（包括墙体面积），另加过道 56.00 平方米。过道连接养蚕室与贮桑间、附属房，是为了让蚕房避西晒、方便桑叶运入蚕房。同时，养蚕室东边也开门，作为蚕期蚕沙运出通道，可避免与桑叶同道进出，以防污染。如场地与资金条件限制，其建设可以取消，贮桑间、附属房重新选址单栋建设。

养蚕房纵向排放 4 排蚕架，左右两边蚕架之间留 1.0 米宽的过道，靠墙过道宽 0.8 米，中间长廊宽 1.6 米。每排蚕架中间等距离留 2 条宽为 0.8 米的横向过道，靠贮桑间横向过道宽 1.0 米，靠东边横向过道宽 0.4 米。每排蚕架可用宽 1.5 米、长 3.0 米的单个蚕架并连放置，至少 4 层，实际蚕座面积为 432 平方米，足以一批养 12 张蚕种（每 2 个并连蚕架养 1 张）。

贮桑间既能保鲜保湿，又具有自然返潮功能。控制房高、窗高与梅花形透气孔设计、室内建设 30 厘米 ×20 厘米的 U 形保湿水沟就是为了控温保湿。

附属房用于堆放石灰、漂白粉、蚕药等物品，以及放置蚕网、方格蔟、旋转架、切桑机、消毒机、喷粉机、桑枝剪、桑叶推车、桑叶篓等养蚕用具（图 3-47）。

四、单栋简易大棚的设计与建造

为了节约建筑成本，可以按标准化温室大棚建设要求，构建一种保温、隔热、防雨、通风、遮光、透光的单栋简易大棚，适合蚕台育与地面育的各种方式。因造价相对低廉，需占地较宽的地面育更宜选择此建棚方式。图 3-53 所示南北向大棚长 40 米、宽 12 米、脊高 5.4 米、肩高 2.3 米，建筑面积 480 平方米，地面育可养 10 张蚕。档距 1 米，41 跨拱杆，11 道横杆，4 道卡槽，4 支斜拉杆，4 道卷膜，拱杆插入地下 60 厘米，顶棚及两侧面上部 60 厘米为三层，外面一层黑白膜，中间一层保温棉，里面一层无滴膜，保温、隔热。两侧中间的 1.1 米为开敞部分，地下部分为 0.6 米高砖砌墙，其外边有两层薄膜一层网，两层薄膜外面一层为黑白膜，里面一层为无滴膜，都可以通过摇膜杆、摇膜柄卷起来，遮光、透光，最内一层网为防蝇网。东西两端均为砖砌墙，中间留置宽 2.4 米、高 2.1 米的大门，上部为单层彩钢板。黑白膜由黑白两面组成，白面反射太阳光能，达到降温效果，黑面阻隔远红外线，在冬天起到保暖作用，夏天棚内比棚外温度能降低 5~10℃。冬天棚内温度比棚外高，往往高 10℃以上，无滴膜可使棚内水汽结成冷凝水不会直接滴到棚内，而是沿着棚顶，顺两侧方向慢慢流下。主骨架热镀锌圆管，摇膜杆用塑钢复合管。这些主要材料的使用寿命均能达到 5~10 年，其间需更换一次外侧的黑白膜。如果棚内温度还偏高，可以在大棚东西两端的一端加装负压风机，一端装水帘，强制对流通风，经过水帘冷却的冷空气进入棚内可降温 3~5℃。贮桑间与附属房可根据所需面积隔建。

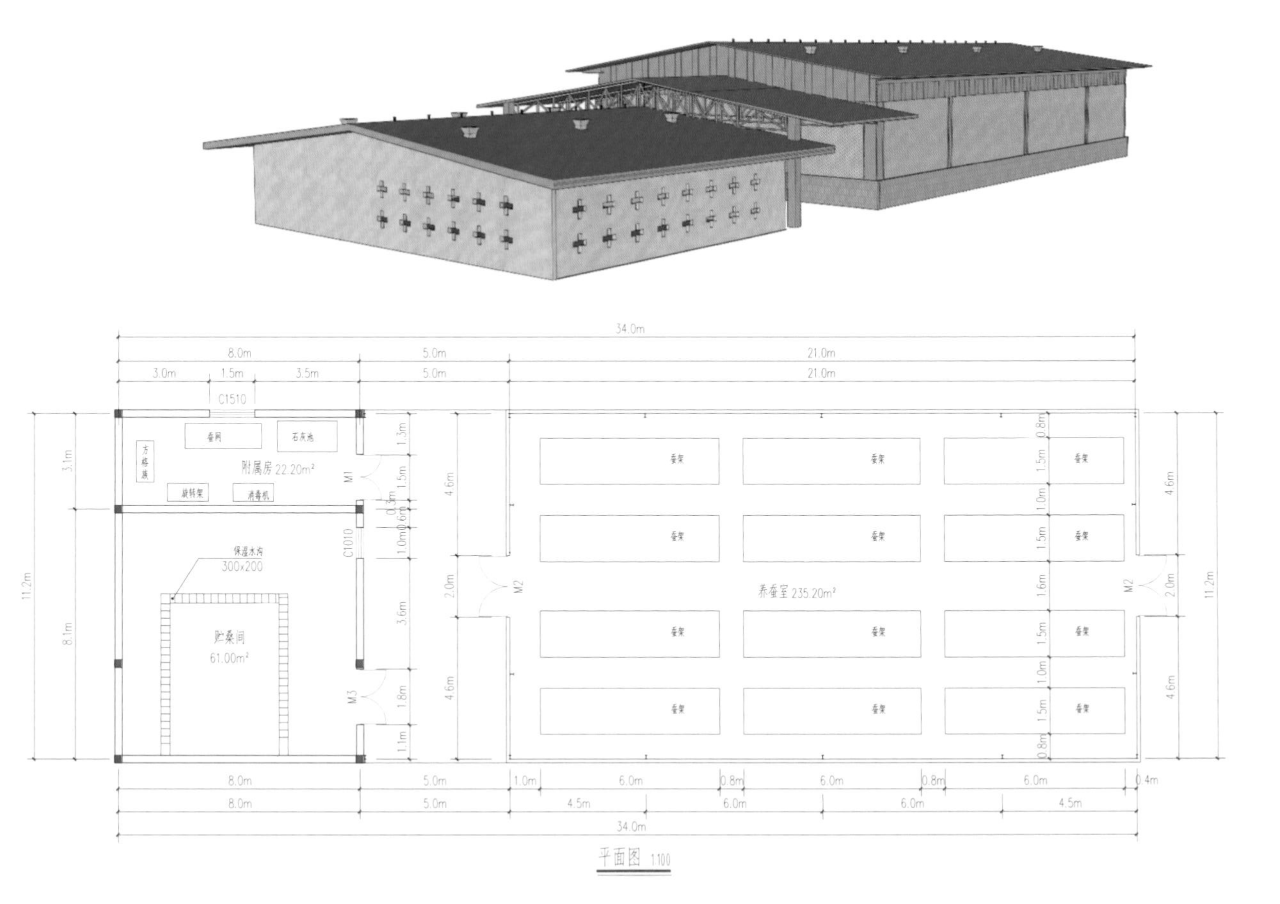

图 3-47　标准大棚示意图和平面图

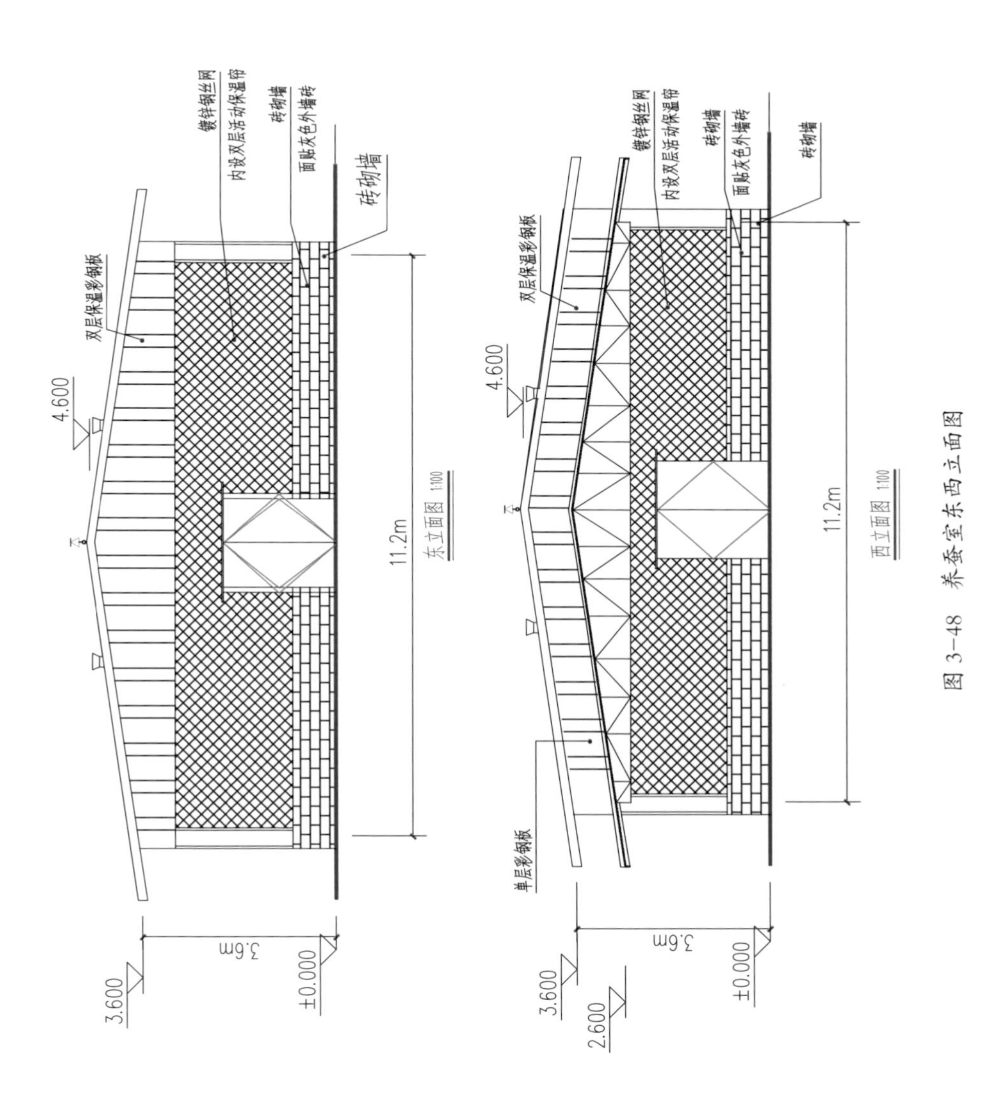

图 3-48 养蚕室东西立面图

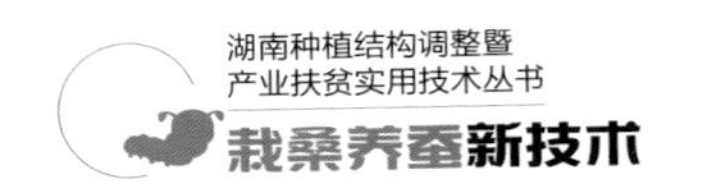

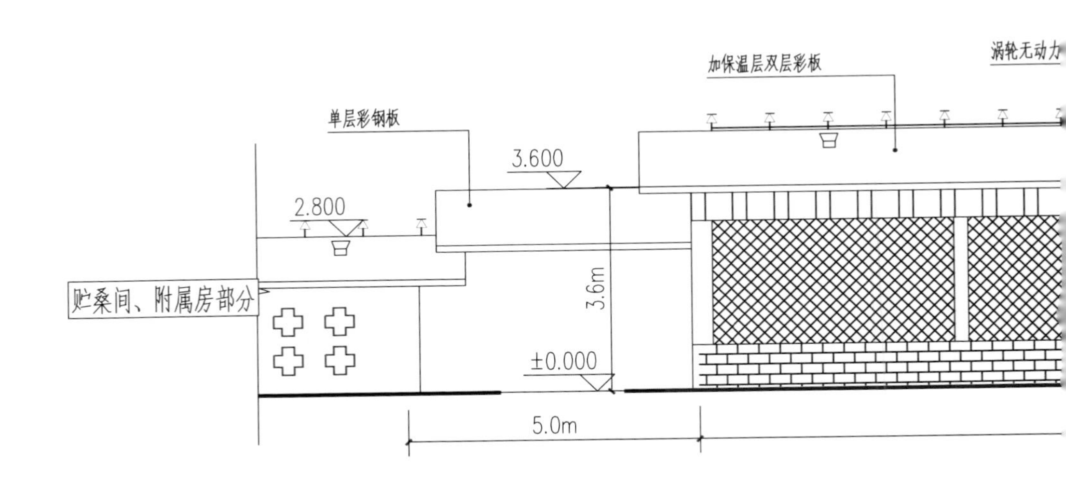

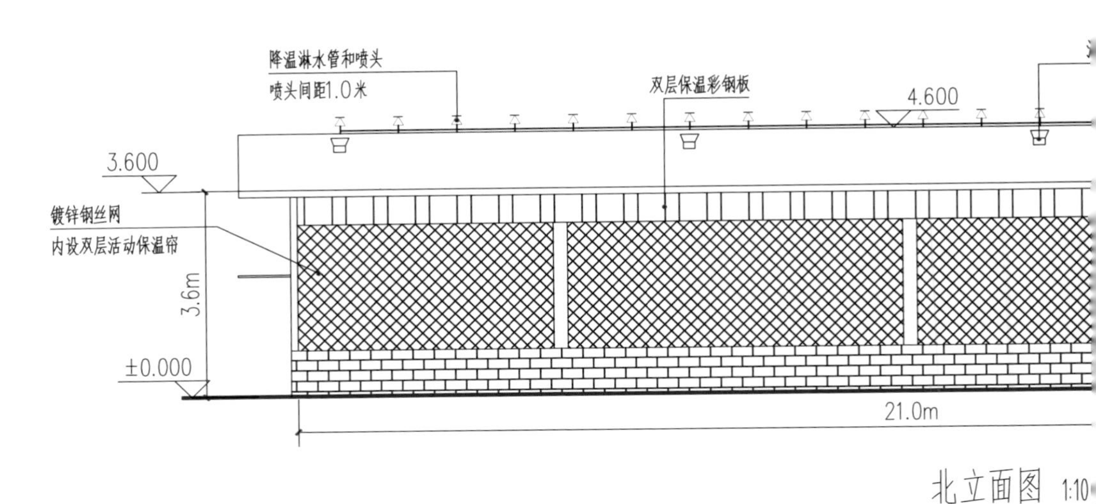

图 3-49 养蚕室南北立面图

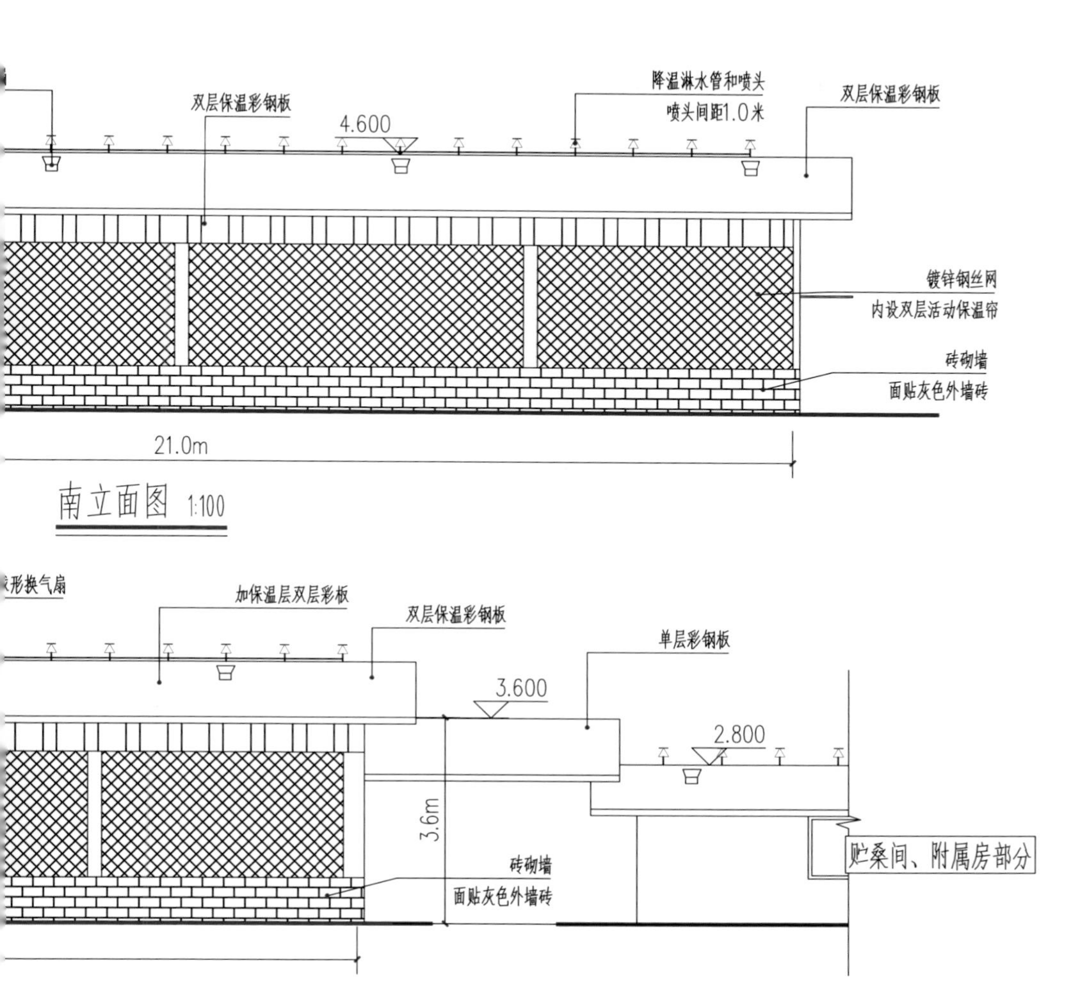
降温淋水管和喷头
喷头间距1.0米
双层保温彩钢板
双层保温彩钢板
4.600
镀锌钢丝网
内设双层活动保温帘
砖砌墙
面贴灰色外墙砖
21.0m
南立面图 1:100
加保温层双层彩板
双层保温彩钢板
单层彩钢板
3.600
2.800
3.6m
砖砌墙
面贴灰色外墙砖
贮桑间、附属房部分

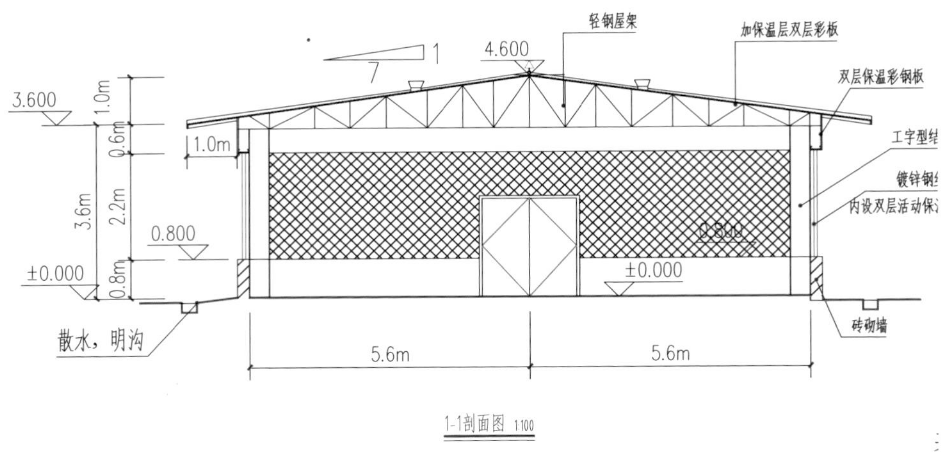

图 3-50　养蚕室剖面图

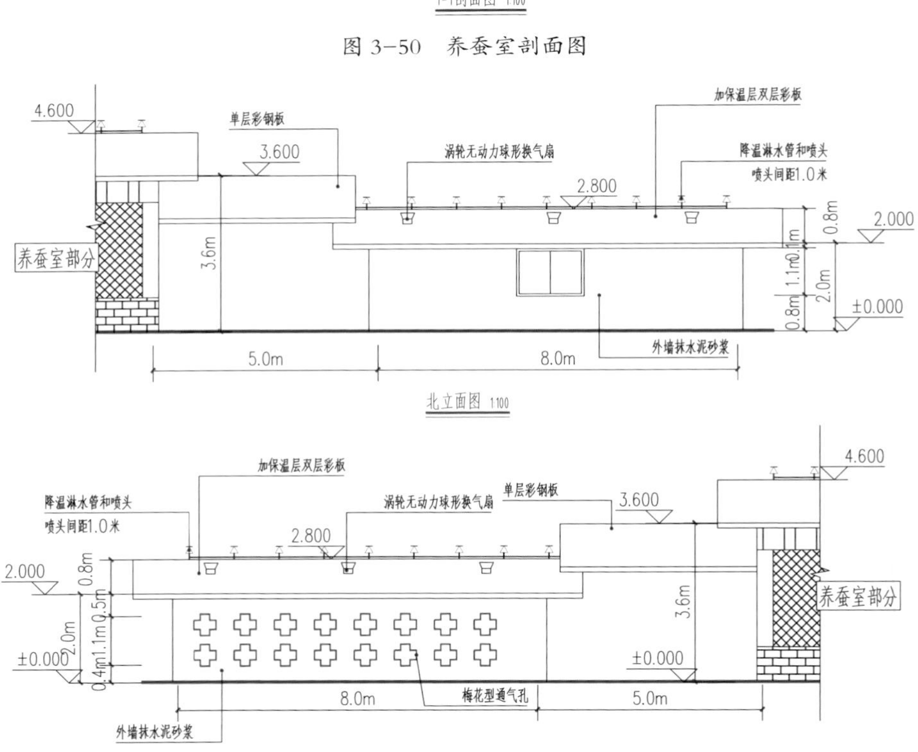

图 3-51　贮桑间、附属房的南北立面图

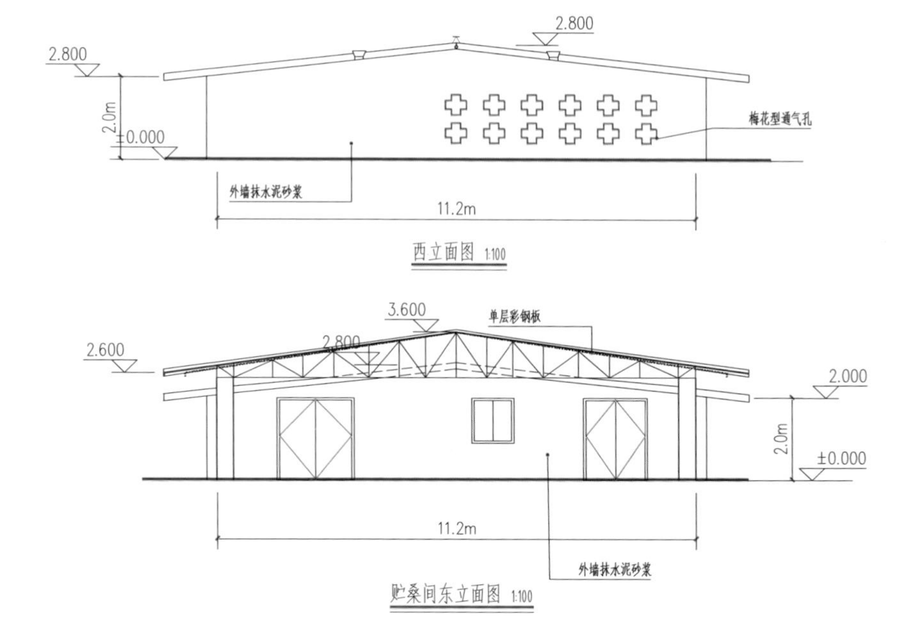

图 3-52　贮桑间、附属房的东西立面图

单栋简易大棚龙骨搭建　　单栋简易大棚内景

单栋简易大棚外景

图 3-53　简易大棚搭建及内外景

五、其它附属设施

蚕沙处理池 1 口：用于集中堆放发酵蚕沙，既能做到有氧发酵，肥料化处理蚕沙，又不会对环境造成污染。一般 1 张蚕种产生鲜蚕沙重 150 千克，体积为 0.5 立方米，可根据养蚕规模、批次及清理周期来确定修建蚕沙处理池的大小。

消毒池 2 口：1 口为 400 厘米 ×100 厘米 ×60 厘米，另 1 口为 200 厘米 ×100 厘米 ×60 厘米。

第十二节　主要病害防治

一、血液型脓病

（一）主要症状

血液型脓病是病毒性传染蚕病，病原为核型多角体病毒，是家蚕病毒病中最为流行的一种，病毒主要寄生在血液及体腔各组织细胞内，并大量存在于病蚕及其流出的脓液中。该病可经食下和创伤感染，各龄期均可感染发病，尤以 5 龄中期到老熟前后发生最多。病蚕后期表现体躯肿胀，狂躁爬行，体壁易破流出乳白色脓液等典型症状。因发病时期不同，除典型症状外，还会出现不同症状：一是在眠前发生不眠蚕，体壁发亮；二是起蚕时发生起缩蚕，环节套叠皮肤多皱；三是在 4~5 龄盛食期发生高节蚕，节间膜或环节后半部隆起；四是在 5 龄后期至上

高节蚕　　脓蚕

图 3-54　血液型脓病典型特征

蔟前发生脓蚕，环节中间肿胀、形似算盘珠（图 3-54）。

根据病毒的种类及寄生的部位不同，家蚕病毒病除了上面介绍的血液型脓病外，还有中肠型脓病、病毒性软化病、浓核病，由于在湖南蚕桑生产上相对少见，且其防治方法又基本一致，不再赘述。

（二）防治方法

一是合理养蚕布局，避免大小蚕混养，防止垂直传播（上季养蚕残留病毒对下季养蚕传染）；二是严格消毒，消灭病原，切断传染途径；三是实行小蚕共育，小蚕专室专具饲养；四是严格提青分批，及时淘汰迟眠蚕、弱小蚕及病死蚕，防止蚕座传染；五是精心操作，增强蚕儿体质，减少创伤，在饲养过程中避免高温或低温冲击及农药中毒；六是控制桑园害虫，防止交叉感染。此外，易发血液型脓病区域或季节推广抗血液型脓病品种。

专家指点：血液型脓病是一种生产上最为常见的传染性蚕病，其病原体微小、数量多、传染力强，病蚕尸体、排泄物、分泌物、渗出物、蜕出物等是其主要来源，极易引起垂直传播。脓病病毒的抵抗力强，即使被家禽、家畜、鸟类食下后，排泄出的病原体仍有致病力。血液型脓病发病病程较短，属于亚急性蚕病，危害非常大，占生产上所有蚕病损失的 60% 以上。

二、僵病

（一）主要症状

僵病是真菌性传染蚕病。由于真菌分生孢子经皮侵入蚕体寄生而引起发病，死后尸体出现僵化，故称僵病，又称硬化病。真菌病通常以僵化尸体孢子颜色或真菌名称而命名，如白僵、绿僵、黄僵、黑僵、赤僵、曲霉僵等（图 3-55）。由曲霉菌感染家蚕引起的曲霉病蚕尸体不会硬化。僵病主要通过接触而感染。生产上以白僵较为常见。白僵病发病时，蚕体出现油渍状病斑或褐色病斑；临死时排软粪，头胸部突出，体躯非常柔软；死后 1~2 小时尸体硬化，死后经 1~2 天，从节间膜、气门等处先长出白色的气生菌丝，布满全身，随后发育成白色的分生孢子，成为新的污染病源。从感染到死亡 3~6 天。

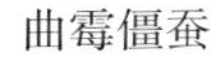
曲霉僵蚕

白僵蚕

绿僵蚕

图 3-55　不同僵病蚕外观特征

（二）防治方法

一是养蚕前 7 天左右对蚕室、蚕具等用三氯异氰尿酸碳酸氢钠粉（蚕用）或次氯酸钙粉（蚕用）等消毒药剂进行消毒，经常发生僵病的蚕区或季节在养蚕前 3 天再用毒消散、三氯异氰尿酸烟熏剂（蚕用）等熏烟剂进行熏烟消毒；二是蚕期中经常用防僵粉（漂白粉防僵粉、优氯净防僵粉等）进行蚕体、蚕座消毒；三是加强通风排湿、控制蚕室蚕座湿度，平时勤除沙，阴雨天蚕座常撒焦糠、新鲜石灰粉、“三七”糠等干燥材料，尽量不饲喂湿叶；四是一旦发生僵病，每天可用蚕期熏烟消毒剂在傍晚给桑前熏烟，尽量使烟雾充满蚕室，约半小时后打开门窗通风换气后给桑；五是严防白僵菌等生物农药污染桑园。

专家指点：蚁蚕、小蚕、各龄起蚕、熟蚕和初蛹，由于体皮较薄而粗糙、多皱，且缺少脂质，易为僵菌孢子附着和发芽管穿透，感染率高，故称作易感时期。僵病的发生与蔓延与气候、蚕室与蚕座的干湿度有直接关系，多湿环境易发病。

三、细菌性败血病

（一）主要症状

细菌性败血病是由细菌侵入蚕幼虫、蛹、蛾的血淋巴中大量繁殖，并随血液循环分布到全身而引起的全身性疾病（图 3-56）。主要通过创伤和食下感染。蚕感染细菌后 10~20 小时，停止食桑，体躯挺伸，接着胸部膨大，伴有吐液或下痢，最后痉挛侧卧而死，有短暂尸僵现象，死后不久尸体逐渐软化变色。常见的有黑胸败血病、灵菌败血病和青头败血病等。黑胸败血病首先在胸部背面或腹部第 1~3 环节出现墨绿色尸斑，尸斑很快扩展至前半身，最后全身发黑流出黑褐色污液。灵菌败血病死后尸体变成红色并逐渐液化，流出红色污液。青头败血病死后不久，胸部呈青色透明，并在尸斑下出现气泡，最后尸体组织液化，流出的污液有恶臭。该病病程较快，在 25~28℃下为 12~24 小时。

黑胸败血病蚕（背面病斑变化）

黑胸败血病蚕（侧面）

灵菌败血病蚕

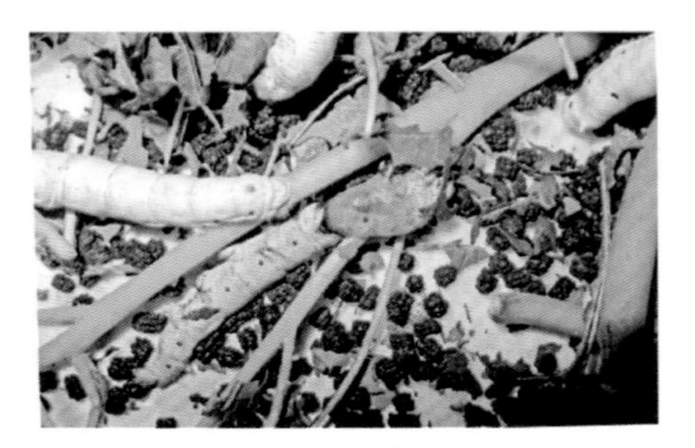

青头败血病蚕

图 3-56　不同细菌性败血病典型特征

（二）防治方法

一是做好桑园防虫工作，蚕区少用或不用细菌农药；二是搞好蚕室蚕具消毒和蚕期卫生管理；三是操作精细，减少蚕体创伤；四是搞好桑叶采、运、贮工作，防止桑叶蒸热和贮桑室细菌繁殖；五是添食蚕用抗生素，为预防细菌病发生，从 3 龄或 4 龄开始，每龄饷食后可适时添食盐酸环丙沙星溶液（蚕用）、氟苯尼考溶液（蚕用）等抗生素类药物，如发病则每 8 小时添食 1 次，连续添食 3 次，以后每天添食 1 次，直到不见病蚕为止。注意抗生素添食时应在晴天中午晾干后喂蚕。

四、蝇蛆病

（一）主要症状

蝇蛆病是非传染性蚕病，也是节肢动物病害，农村多有发生。由多化性蚕蝇蛆产卵在蚕皮肤上，孵化成蛆后钻进蚕体寄生而致病，3 龄起到 5 龄上蔟均可被寄生，夏秋季为害严重。主要症状有：可看到产于蚕体上的卵，寄生后形成大的黑褐色病斑，环节膨大，或向一侧弯曲，有的蚕会变成紫色，有早熟现象，形成蛆孔茧等（图 3-57）。

蚕蝇蛆

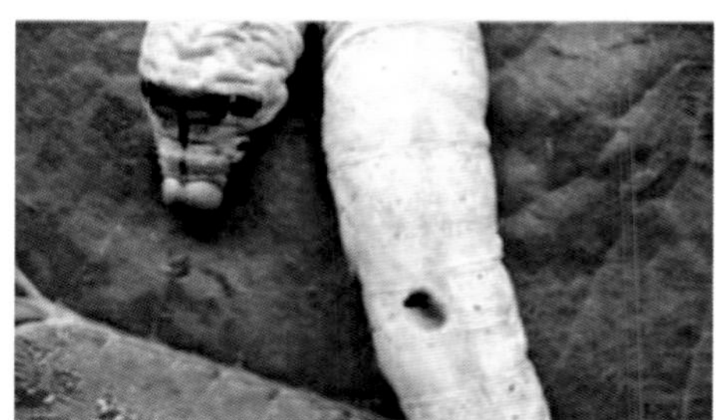

黑褐色病斑

图 3-57　蚕蝇蛆及其为害特征

（二）防治方法

一是净化蚕室周围环境，减少蝇化蛹场所；二是蚕室配齐防蝇门窗，防止蚕蝇蛆入侵；三是体喷或添食灭蚕蝇，灭蚕蝇要现配现用、施用前后 4~6

小时不能在蚕座上撒石灰。

五、农药中毒

蚕儿发生农药中毒后，一般会有乱爬、胸部膨大、吐胃液、头胸昂举、痉挛、体躯缩小等症状。但因农药种类不同，其中毒症状也有差异。

（一）各类农药中毒的主要症状

1. 有机磷农药中毒

有机磷农药中毒包括敌百虫、敌敌畏、乙酰甲胺磷、毒死蜱、丙溴磷等，蚕可通过接触、食下、熏蒸而引起中毒。急性中毒蚕儿很快停止食桑，四周乱爬，不断翻滚，头胸剧烈摆动，且不断大量吐液污染全身，头胸部弯曲呈勾嘴状，尾部向腹部弯曲，蚕体缩短，侧卧于蚕座上呈 S 形，部分蚕有脱肛现象（图 3–58）。

初期中毒蚕大量吐液翻滚

勾嘴弯曲、全身污染的侧卧死蚕

图 3–58　有机磷农药中毒症状

2. 拟除虫菊酯类农药中毒

拟除虫菊酯类包括氯氰菊酯、溴氰菊酯、氰戊菊酯、联苯菊酯等，中毒蚕吐液，头胸部左右摇摆甚至整个身体晃动，侧向爬行，足后倾无把着力，翻身打滚，体躯向背面或腹面弯曲，并蜷曲呈螺旋状，最后大量吐液，蜷曲死亡（图 3–59）。

氯氰菊酯中毒

图 3-59 拟除虫菊酯类农药中毒症状

3. 沙蚕毒素类杀虫剂杀虫双中毒

杀虫双中毒蚕静伏于蚕座，呈麻痹症状，头前伸与身体呈一直线，不动呈假死状，背脉管搏动弱，手压蚕体柔软无弹性，不吃叶，不吐水，不变色；轻度中毒呈现不蜕皮、半蜕皮蚕或不结茧等症状（图 3-60）。

图 3-60 杀虫双中毒症状

4. 生物调节剂中毒

生物调节剂是调节或扰乱昆虫正常生长发育而导致昆虫个体死亡或生活能力减弱的一类化合物，主要为几丁质合成抑制剂、昆虫保幼激素与蜕皮激素及其类似物，对变态昆虫，特别是鳞翅目幼虫表现出很好的杀虫活性。

（1）苯甲酰脲类昆虫几丁质合成抑制剂，有灭幼脲、虱螨脲、氟铃脲、除虫脲、氟啶脲、扑虱灵、灭蝇胺等。主要是胃毒、触杀作用，药效慢，但持效期较长，耐雨水冲刷，在田间降解速度慢。灭幼脲导致小蚕不眠、蜕皮困难、体壁易破、食桑障碍、吐水；5 龄蚕体壁出现条状病斑、破裂、消化管膨出（图 3-61）。虱螨脲的毒性作用缓慢，表现为食桑减慢，蜕皮困难，龄期经过延长，有蚕体表皮破裂，消化管膨出而死的现象。微量（10^{-8} 毫克/升）中毒时 5 龄蚕的发育时间明显延长、不上蔟结茧（图 3-62）。受虱螨脲污染桑叶残毒期长，可达 30 天以上。

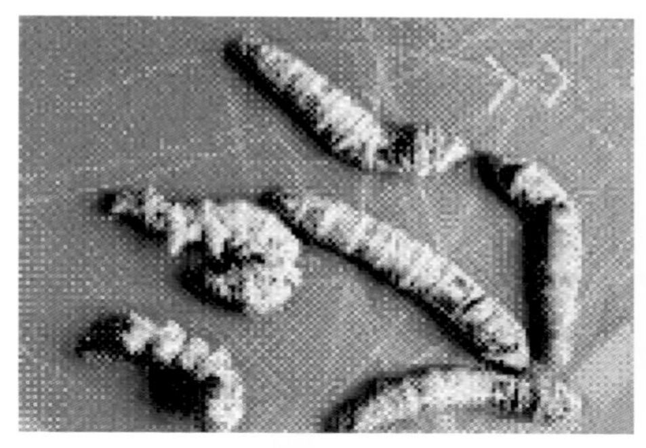

不眠、蜕皮困难

体壁易破

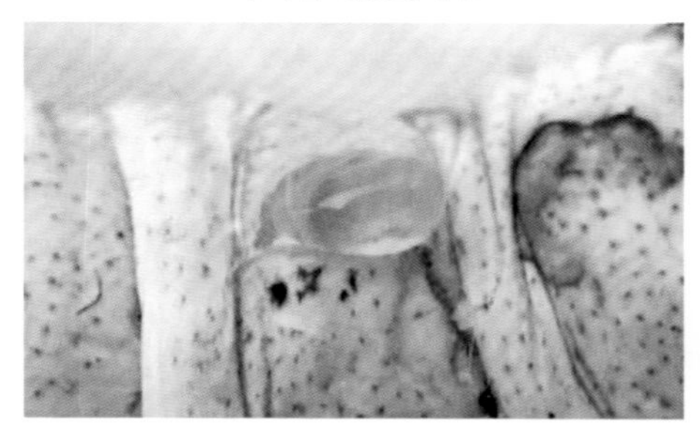

5 龄蚕体壁破裂

5 龄蚕消化管膨出

图 3-61　灭幼脲中毒症状

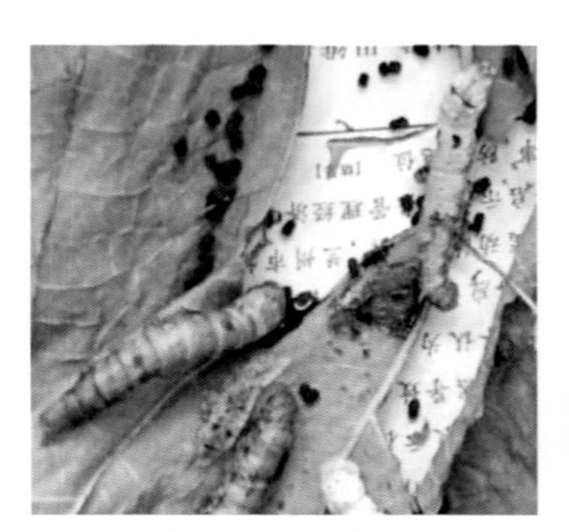

体小、蜕皮困难

微量中毒不熟蚕

对照已结茧

图 3-62　虱螨脲中毒症状

（2）蜕皮激素类杀虫剂，有虫酰肼、绿虫酰肼、甲氧虫酰肼等，为非甾族新型昆虫生长调节剂。中毒症状为拒食、静卧、胸部膨大、体缩，提前入眠、蜕皮，部分个体头部开裂且不能蜕皮，发育比正常蚕明显缩短 0.5~1 天，吐液，死后头尾背仰，身体变黑（图 3-63）。致死中量 LC50 介于 0.5~20 毫克/升，属高度级别杀虫剂，应严禁在桑蚕养殖区用药。

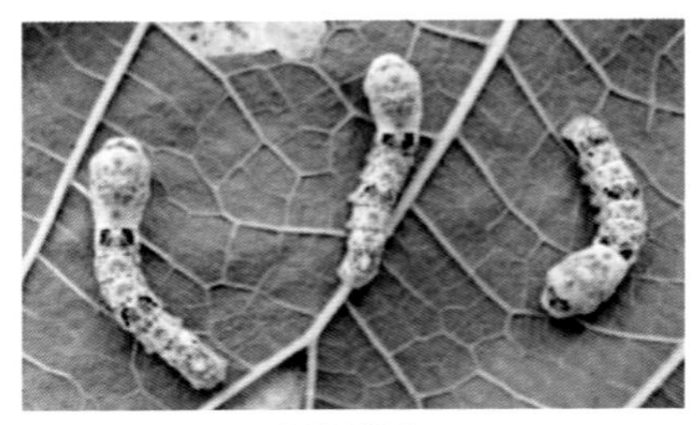
头胸膨大

蜕皮困难

死后变黑

吐液、头尾背仰

图 3-63　虫酰肼中毒症状

（3）烷氧吡啶保幼激素类的几丁质合成抑制剂吡丙醚，又名灭幼宝、蚊蝇醚，其单制剂为 0.5% 灭幼宝颗粒剂、10% 可汗乳油，其复配剂有 10% 吡丙醚 · 吡虫啉、20% 吡丙醚 · 甲维盐等。为扰乱昆虫生长的调节剂，具有内吸转移活性，对家蚕毒性很强，接触微量浓度（10^{-4} 毫克/升）也会影响家蚕发育，导致不结茧，且光稳定性好，解毒慢，持效期长达 1 个月左右。中毒症状是头部翘起，头胸略有摇摆，体色、体形正常，吐液很少，末龄幼虫的影响最大。4 龄蚕儿微量中毒，入眠率降低，时间延迟，5 龄微量中毒时食桑时间延长，食桑量骤减后，体色虽有些变化，似熟蚕，但大多数蚕还是吐浮丝、结薄皮茧或不能吐丝结茧，最终变软、黑化、死亡（图 3-64）。小蚕中毒后头部伸出，胸部略膨大，有脱肛，死后身体扭曲。中毒症状还受温度高低的影响，低温时症状更明显。

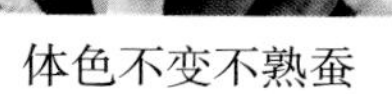

体色不变不熟蚕　　似熟蚕、吐浮丝　　不结茧蚕、黑死蚕

图 3-64　吡丙醚 5 龄蚕微量中毒症状

专家指点：有试验表明用于果桑菌核病防治的三唑类杀菌剂苯醚甲环唑与甲氧基丙烯酸酯类杀菌剂嘧菌酯，在小蚕期高浓度使用时可导致拒食、体缩、吐液、僵直、体色发黑、呈“C”形或“S”形。微量中毒则会导致发育时间显著延长，生长异常，即使 5 龄第 10 天也不会上蔟结茧（图 3-65）。当果叶兼用时就得谨慎，以免造成养蚕损失。

图 3-65　苯醚甲环唑中毒症状（不结茧蚕）

5. 其它杀虫剂中毒

包括烟草、新烟碱类杀虫剂如吡虫啉、啶虫脒、噻虫嗪等，以及生物源类杀虫剂如阿维菌素、苦参碱等。

烟草中有毒成分为烟碱，蚕儿烟碱中毒后胸部膨大，头部及第一胸节紧缩，前半身昂起并向后弯曲，吐液，排念珠状粪或软粪；进入麻痹期后，头胸部肌肉麻痹松弛，吐出大量浓而带黄绿色的液体，腹足麻痹而倒卧于蚕座上（图 3–66）。新烟碱类杀虫剂吡虫啉属超高效杀虫剂，昆虫幼虫接触后，中枢神经正常传导受阻，导致麻痹死亡。其中毒症状为头胸略有摇摆，头尾背仰扭曲，吐液较多，呈块状。死后侧倒或向上，胸部略膨大，头尾向背弯曲呈“U”形。小蚕中毒后胸部膨大，部分头尾相接呈“O”形（图 3–67）。阿维菌素中毒后呈麻痹假死状，多数侧倒，头部伸出，头尾向背部略弯，腹足稍向后倾，蚕体软化，少量吐水，部分排念珠状粪，不活动，不取食，2~4 天后死亡。小蚕中毒后头部向背部明显弯曲，呈“U”形（图 3–68）。苦参碱是由苦参提取而得（苦参总碱），麻痹中枢神经，具有杀菌、杀虫和杀螨的作用，不易产生抗药性。其中毒症状为胸部抬起、膨大，乱爬，足无力，痉挛，呈“S”形，吐液而亡，不脱肛（图 3–69）。

兴奋期

死亡期

图 3–66 烟草中毒症状

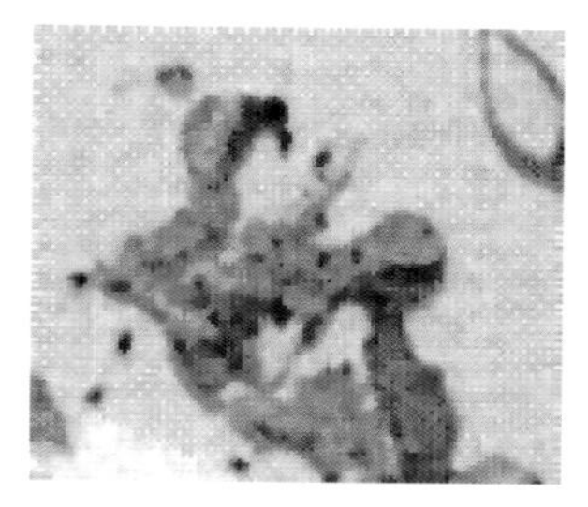

小蚕头胸膨大

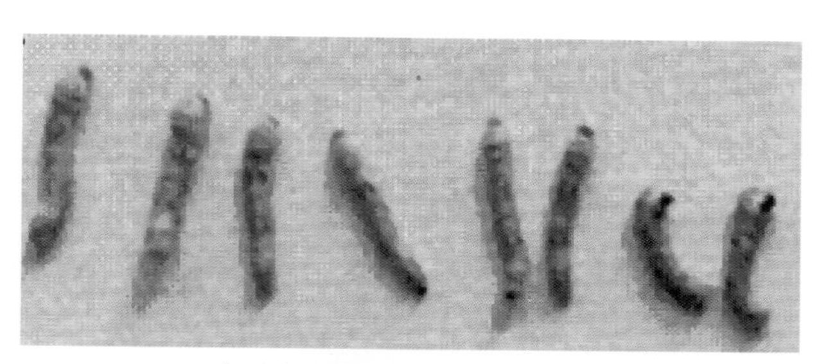

小蚕头尾向背弯曲、死后向上

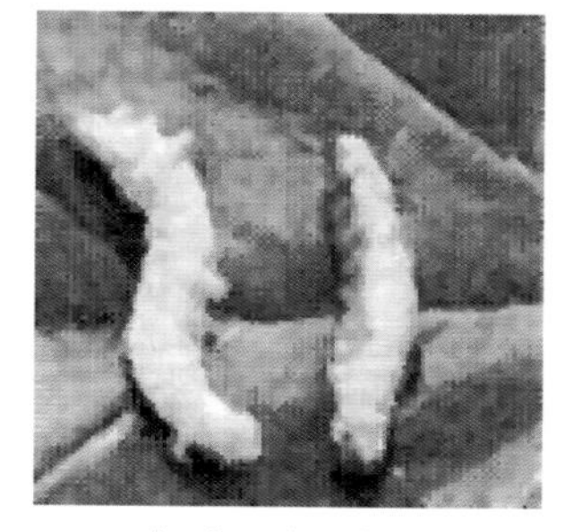

大蚕吐液、侧倒

大蚕头胸膨大、侧倒

图 3-67　新烟碱类杀虫剂吡虫啉等中毒症状

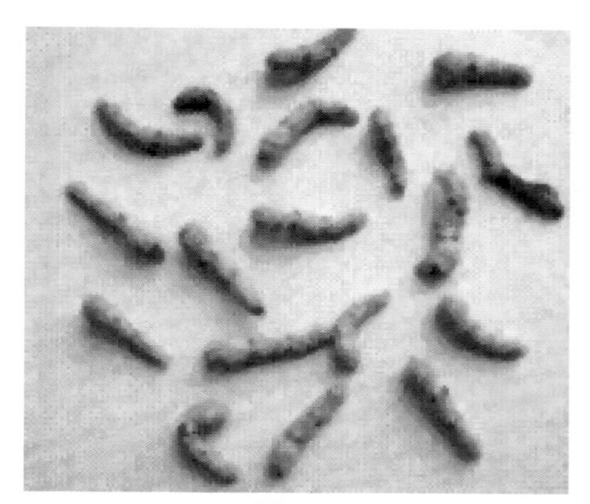

小蚕中毒特征

大蚕中毒特征

图 3-68　阿维菌素中毒症状

图 3-69　苦参碱中毒症状

（二）农药中毒的预防与处理

由于农药中毒大多数是突然发生，中毒蚕很快吐液、麻痹而死，且迄今为止，一旦发生农药中毒后，尚无特别有效的解毒措施，故农药中毒应立足于预防。

1. 预防措施

（1）防桑叶被农药污染。桑园处于混种区，农田、菜地治虫应设立不小于 50 米隔离带，并注意正确选择农田、菜地用药的品种、时间、方法和风向，禁止蚕桑密集区弥雾喷药。此外，广西、云南等地报道，不少桑园原来是种植水果、甘蔗等经济作物，之前为了作物防虫而使用了对家蚕有毒害的农药，由于农药在土壤里的残留期很长，改种桑树之后，残毒农药仍能污染桑叶，家蚕食后出现急性或慢性中毒现象，如甘蔗地过量使用新烟碱类高效低毒杀虫剂噻虫嗪。但这种原因导致的中毒很难被检测出来，需首先试种试养，安全后方可规模养蚕。

（2）防蚕室与蚕具被农药污染。蚕室不存放农药，蚕具不接触农药，蚕室用喷雾器与其它农用喷雾器不能混用。

（3）防止饲养人员接触有毒药物。饲养人员应杜绝接触农药，且养蚕期间蚕室禁止使用灭蚊剂之类的药物。

（4）防安全用叶意识淡薄。养蚕期桑园防治虫害不使用高毒、剧毒长效农药，对怀疑被农药污染过的桑叶先试后喂，在确认桑叶安全无毒时再喂饲大批蚕。

2. 应急处理

发生蚕儿农药中毒后，为减少损失，应及时采取有效措施进行应急处理。一是通风换气。一旦发现蚕农药中毒，立即打开门窗，促使空气对流，保持空气新鲜。二是隔离毒物。蚕座内立即撒隔离材料，及时加网除沙，使健康蚕与中毒蚕分开，并喂饲新鲜无毒桑叶，加强后期管理。三是换无毒蚕具。被农药污染的蚕匾、蚕网等蚕具应立即更换，用碱水洗涤、曝晒后再用。四是探明毒源。根据蚕中毒的症状以及农田、桑园等用药情况展开调查，分析中毒原因及有毒桑叶的来源，避免因毒源不明而继续发生蚕中毒现象。

专家指点：现在农药市场上有相当数量的混配农药，利用这类农药进行桑园治虫，导致蚕儿中毒事件经常性发生。因此，应推广使用桑园专用农药。此外，对有机磷农药中毒蚕，可用硫酸阿托品针剂 1 支（25 毫克）或解磷定 2 支（250 毫克/支）加水 500 毫升添食。

湖南蚕桑科学研究所 2002 年中秋蚕发生了因农药质量问题引起的严重中毒事件（图 3–70），在使用的某厂生产的 40% 乐果乳剂中检测出了长效期农药菊酯类成分。包装标识与实际成分不一致，事后追究经营商与厂家责任，得到了相应的赔偿。

图 3–70　中毒蚕表现症状

六、蚕期消毒防病

（一）建立经常性的防病卫生制度

（1）严禁将未经消毒的蚕具带入蚕室使用，饲喂用具、采运叶用具及装运蚕沙用具应专用专放，严格分开。

（2）除沙动作要轻，防蚕沙落地污染地面，灰尘污染蚕座、蚕室，换下的蚕网应消毒后方可使用；蚕室地面、周围环境要定期用含有效氯 0.5% 的漂白粉液进行消毒。

（3）给桑前、除沙后应洗手，蚕室门前设置新鲜石灰浅坑踏灰入室，或换鞋入室。

（4）贮桑室要每天用含有效氯 0.5% 的漂白粉液消毒 1 次，采桑用具每隔一天消毒 1 次。严禁贮桑室与养蚕室共用一室。

（5）蚕沙要及时运入专用窦沙坑，严禁摊晒蚕沙，未经发酵消毒蚕沙严禁直接入桑园（图 3−71）。

（6）加强桑园治虫，防止交叉感染。

蚕座消毒

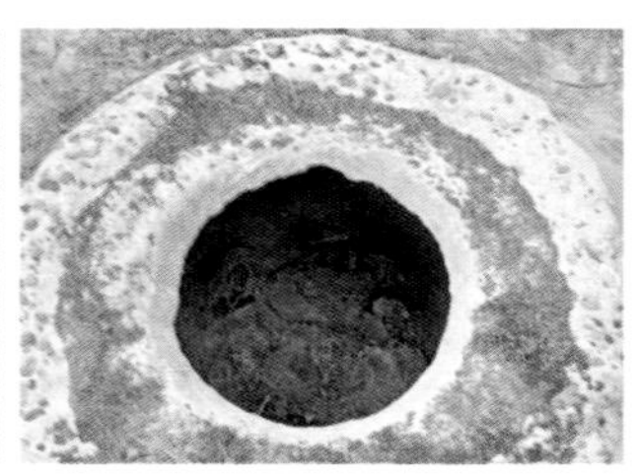

蚕沙地窖式处理池

蚕沙做沼气的无害化处理

图 3−71　蚕座消毒及蚕沙处理

（二）蚕体蚕座消毒防病

蚁蚕和各龄起蚕要进行蚕体消毒，小蚕用小蚕防病 1 号或用含有效氯 2% 的漂白粉防僵粉，大蚕用大蚕防病 1 号或用含有效氯 3% 的漂白粉防僵粉等专用蚕体消毒粉。其后每天小蚕用优氯净防僵粉、“三七”糠消毒或大蚕用新鲜石灰粉消毒 1 次，若发生血液型脓病等蚕病则每天 2 次。防蝇条件差的农户可从 4 龄起定期用 300 倍灭蚕蝇溶液喷体 3~4 次。预防细菌病，可添食抗生素。

（三）淘汰迟弱蚕，隔离病死蚕

各龄严格提青分批，彻底淘汰迟弱蚕；发现病态蚕、病死蚕要及时拣出，并随时放进石灰消毒盆内，消毒处理后深埋，不能随便乱丢或饲喂家禽。

专家指点：蚕沙是病原物最为集中的地方，处理不好，就会成为一个重要的病原传染源。为了消毒堆肥一体化处理，广东省农科院研制出了小型蚕沙发酵池（图 3–72），并制订了相应的技术规程。首先将上蔟后病死蚕拣出集中消毒处理，对蚕座撒一层新鲜石灰粉（每张 1 千克），专用喷湿洁兑水 10 千克（0.35% 三氯异氰尿酸钠，或相应的广谱性消毒液也可），对蚕沙均匀喷洒消毒，保持湿润 1 小时，再将蚕沙集中到小型蚕沙发酵池堆沤，在蚕沙表面覆盖一层菌糠、蘑菇渣或前期已堆沤好的蚕沙材料，蚕沙经 1 个多月的堆肥处理后，蚕沙熟化，即可做肥料使用。

底部留空 ⟶ 竹子架空 ⟶ 表面覆盖

图 3–72　利用小型蚕沙发酵池进行消毒堆肥一体化处理

七、回山消毒

蚕期结束后的消毒又称“回山消毒”（图 3–73）。养蚕结束后病源物最集中、病原体数量最多，把病源物就地清消，能避免病原体进一步扩散与繁衍，为下一个蚕季丰产打下坚实基础。

"回山消毒"应做到不留死角。首先，将养蚕废弃物、废蔟纸等及时清理销毁，病死蚕立即深埋。其次，养蚕中用过的蚕具留在蚕室内，密封后用含有效氯1%的漂白粉液进行喷洒消毒，喷洒时用足药量，不留死角，再趁湿用二氯异氰尿酸钠多聚甲醛粉、毒消散等熏烟消毒剂熏消，关闭1天后，再进行蚕具的清洗晾晒。蔟具、湿布、鹅毛等按要求处理后进蚕室熏烟。第三，在蚕室蚕具消毒的同时，对所有的附属室、保管室、非生产区等也一并彻底消毒，以防病原体繁衍扩散。

图3-73　养蚕后回山消毒

第四章 桑园立体种养技术

4

虽然栽桑养蚕模式具有单位面积比较效益高的优势，但也存在产品结构单一、桑园增值潜力难以挖掘的发展瓶颈。依靠科技创新，突破传统种养模式，引导农民开展规模生产、高效养殖、多元开发，提高桑园综合效益，对蚕业稳定、农民增收具有重要意义。

近些年来，经不断地试验示范，湖南不少蚕区出现了“桑－蔬”“桑－果”“桑－菌”“桑－禽”等多种不同的复合经营模式。这些模式以桑园立体开发为突破口，合理开展桑园套种套养，既保留了桑园栽桑养蚕的特点，又拓宽了蚕业发展新途径，减少了单一养殖的从业风险，增加了桑园土地利用率和产出率，改善了农村生态环境，实现了多产融合发展。

第一节　桑基鱼塘

一、桑基鱼塘的概念

桑基鱼塘是指为了充分利用土地而创造的一种挖深鱼塘、垫高基田、塘基植桑、塘内养鱼的高效人工生态系统，是我国南方蚕区推广的一种典型的立体生态农业模式。其主要特点是开辟了水、陆两个生态系统，将桑、蚕、鱼诸项生产有机结合起来，形成“塘基种桑、塘水养鱼、桑叶养蚕、蚕沙喂鱼、塘泥肥桑”的立体循环模式，既可节约各项生产成本、提高综合效益，又可减少污染、净化环境。随着蚕桑产业链不断延伸发展，已经衍生出了具有生态观光、旅游休闲、科普教育、蚕事体验等多种功能的新型生态循环模式（图 4-1），形成了新业态。

桑基鱼塘生态循环模式传统型实景（岳阳市君山区良心堡镇）

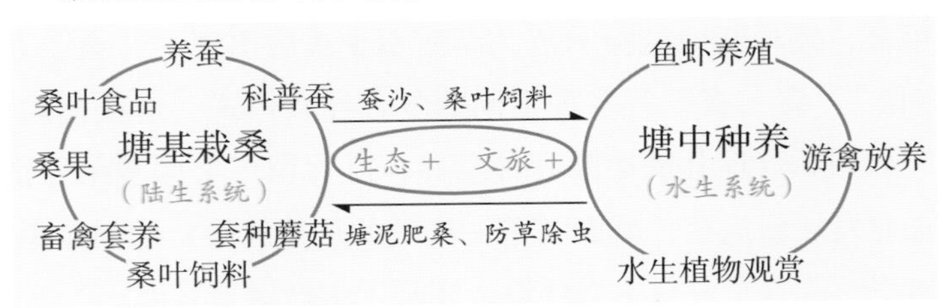

桑基鱼塘生态循环模式衍生型

图 4-1　桑基鱼塘生态循环模式及其创新

二、构建技术

（一）精心设计

建设桑基鱼塘时，一般要求基塘面积比为 5∶5 或 4∶6，即 5 亩桑基配置 5 亩鱼塘，或 4 亩桑基配置 6 亩鱼塘。基面宽 25~30 米，基坡向塘面倾斜，坡面约 15°，基面内侧边沿距塘水面高度约 0.6 米，塘水深为 2~2.5 米。将塘挖成蜈蚣形群壕或并列式渠形鱼塘，包含口数不等的单塘，基与基相连，并建好进出水总渠及道路（一般宽 2~3 米）。这样既利于调节塘水、投放饲料、捕鱼、运输和挖掘塘泥等作业，又利于桑树培管、采叶养蚕。新塘开挖季节以选择枯水、少雨的秋末冬初为宜。挖好的新塘要晒几天，再施些有机粪肥，然后放水养鱼。

（二）合理改土

挖掘鱼塘，最好实施揭土回覆工程。首先准备好揭土临时存放场所，将拟破或占用的土地表土、耕作层进行剥离移出，待用中下层土夯筑塘基完成后再回覆，可快速恢复新建塘基地力、满足新栽桑树生长的需求。若因场所局限或施工条件限制，不得不将原来肥沃疏松的表土、耕作层变为底土层，而原底层土填在塘基表面，作为新耕土层，则必须进行塘基改土。在栽桑前将塘基上的土全部翻耕一次，深 10~15 厘米，对于新改土不破碎，让其冬天冰冻风化，增强土壤通透性能，提高土壤保水、保肥能力。若干年后，因桑基逐年大量施用肥桑的塘泥而随之提高，基面不断缩小，影响桑树生长。所以，塘基要进行第二次改土，将高基挖低，窄基扩宽，整修鱼塘，使基面离塘常年最高水位差约 1 米。

（三）施足底肥

一是栽桑前要施足基肥，一般亩施土杂肥 100~150 担、饼肥 150~200 千克。若是酸性土壤，则每亩配合施石灰 50~80 千克；二是待桑树成活长出新根后，于 4 月下旬至 5 月上旬施一次速效氮肥，每亩施 5 千克尿素，最好施用腐熟人粪尿 15~20 担。7 月下旬再施一次，肥料用量较前次要适当增加一些，促进桑树枝叶生长，晚秋可适当养蚕；三是桑树生长发育阶段要求养一次蚕施一次肥，并注意合理间种多种豆科绿肥，适时翻埋；四是在冬季结合清塘，挖掘一层淤泥上基，这样既净化了鱼塘，又为桑树来年生长施足了基肥。

（四）栽植良桑

塘基栽桑，应选用优质高产的良桑品种，如湘 7920、强桑 1 号、育 71-1、农桑 14 等。

（五）适度密植

塘基因经过人工改土，土层疏松，挖浅沟栽桑即可。同时因塘基地下水位高，桑树根系分布浅，宜适度密植。栽桑时采用定行密株，实际用于栽桑的塘基应达 800~1000 株/亩。栽桑处须离养鱼水面 70~100 厘米，桑树主干高 40~50 厘米，培育成低中干树型。

专家指点：为了提高桑基鱼塘养鱼经济效益，应根据鱼类的生活习性和食性，采用滤食浮游生物为主的上层鱼（鲢鱼）、草食性为主的中层鱼（鳊鱼、草鱼等）及杂食性为主的下层鱼（鲤鱼、鲫鱼等）混养、密养，以充分利用鱼塘资源、提高产量。

第二节　桑枝栽培食用菌

食用菌营养丰富、味道鲜美，含有多种人体不能合成的必需氨基酸及生理活性物质，被人们公认为 21 世纪人类第三类食品的重要组成部分，已受到国内外消费者的普遍青睐。然而食用菌栽培原料的匮乏导致栽培成本上涨，很大程度上制约了该产业的发展。我国是种桑养蚕大国，每年积累的桑枝资源十分丰富，利用其栽培食用菌有诸多优势。据报道，桑枝含有粗蛋白 5.44%、纤维素 51.88%、半纤维素 23.02%、木质素 18.18%，富含钾、镁、钙等 16 种矿物质元素及生物碱、氨基酸等，桑枝木质部高达 72%，碳氮比（C/N）为 66.2，适合大部分木腐型食药用菌的生长发育，以桑枝碎屑为主料，与其它栽培原料按一定比例配合成培养基，就可以栽培灵芝、香菇、平菇、金针菇、黑木耳、云耳等食用菌。用桑枝培养出的食用菌不仅口感好、产量高、质量上乘，而且经济效益显著；桑枝条很少喷洒农药，利用其栽培食用菌绿色环保，降低了农药残留的风险，而且桑枝栽培食用菌后的菌糠可作为有机肥进一步还田循环利用，实现了蚕区生态效益和经济效益的统一。

一、桑枝食用菌生产工艺流程

桑枝食用菌栽培以袋料栽培为主，生产流程如图 4-2 所示。

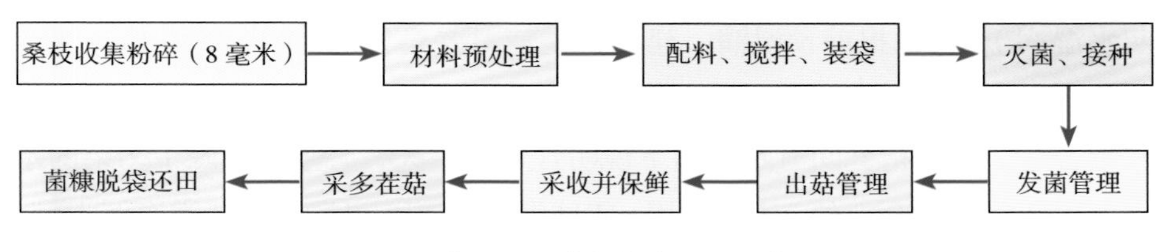

图 4-2　桑枝食用菌袋料栽培的生产流程

二、桑枝食用菌栽培技术要点

近年来，湖南省蚕桑科学研究所对桑枝栽培食用菌开展了较为系统的研究，探索总结出了桑枝食用菌高产栽培的集成技术（图 4-3），现将技术要点简述如下。

（一）品种选择

应选择高产、抗性强的优良品种栽培，适合桑枝栽培的食用菌品种有秀珍菇、灵芝、平菇、香菇、云耳、黑木耳等，栽培者可从具有相应技术资质的供种单位引种栽培。

（二）栽培季节

合理安排生产季节与食用菌的产量、质量有着密切的关系。湖南省桑枝食用菌栽培宜在 3~5 月及 8~11 月进行，这样既满足了食用菌的温湿度生长条件而容易获得高产，又配合了蚕桑生产的季节安排。

（三）桑枝粉碎及预处理

将桑枝晒干后，选择半干、无霉变的桑枝干粉碎成直径小于 8 毫米的碎屑，于干燥处贮藏；桑枝屑在使用前需要提前 2~3 天进行预湿，主要采用 2% 的石灰水以料液比 1：1.6 浸泡，料堆打多个通气孔，便于增氧和排臭，以桑枝屑软熟、润湿为佳。

（四）配料

应严格按既定配方比例称取主料（桑枝屑）、辅料（麦麸、棉籽壳、石灰等）。按主、辅料不同料水比称取相应的用水量［主料料水比为 1∶1.5，辅料料水比为 1∶（0.6~0.7）］；辅料要现配现用（按相应料水比添加 2% 石灰水湿润），切忌提前预湿润、建堆；主辅料要充分搅拌均匀，并检查混合物的水分、pH 值：一般用力紧握料，如果指缝间有少量水珠但不滴下则含水量合适，若手指缝间有水珠滴下说明含水量过高，必须摊薄晾干多余的水分方可装袋；混合料的 pH 值则用 pH 试纸测定，并根据不同菌类腐解类型，调至 pH 标准范围即可。

（五）装袋、灭菌、接种

在确保混合料搅拌均匀及水分含量、pH 值达到要求后应及时用机械灌装入专用塑料袋内（每袋 1~1.5 千克）；将装好的料袋扎紧放入灭菌灶，在 100℃温度下保持高温灭菌状态 15~20 小时；把灭菌后的料袋在温度降到 60~70℃时搬进冷却室，待料袋温度降至室温时移入接种室进行人工接种。接种室一般用气雾消毒剂消毒，用量为 4~5 克/米^3，关闭门窗一昼夜。接种前，颈圈用 0.05% 的高锰酸钾浸泡 2 小时，取出晾干备用；同时开启接种室紫外杀菌灯 30 分钟，确保做到无菌操作。

（六）菌丝培养

接种好的菌包应及时搬到干燥、洁净的培养房叠层培养菌丝（热天叠 2~3 层，冷天叠 3~4 层）；发菌期间保持温度 25~28℃、湿度 60%~80%，遮光培养，定期检查菌包防止杂菌污染，适时喷洒药物或注射酒精清理杂菌；在正常情况下，从接种之日起 20~50 天菌包即可长满菌丝（因菌棒长度和接种量多少而有所变化）。

（七）出菇管理

菌包菌丝完全长满后，5~7 天即可叠层排菌墙出菇。出菇期间，温度保持在 27~29℃，并保持相对湿度 85%~95%，切忌直接向幼蕾喷水，出菇房每天通风 2~3 次、每次 30 分钟，注意病虫害防治，且出菇期间不得向子实体直接喷洒任何化学药剂；待各种菇耳长到七八成熟时即可采收，采收完后在袋料表面补湿，菌丝休养 4~5 天重新积累养分，培育二茬菇。

当前农村桑枝食用菌的生产仍以家庭作坊为主，生产条件相对较差，易造成产质量不稳定，更加需要在桑枝粉碎、原料配比、消毒灭菌、菇房与菇架搭建、菌菇管理与采收等各个环节均按标准进行规范操作。

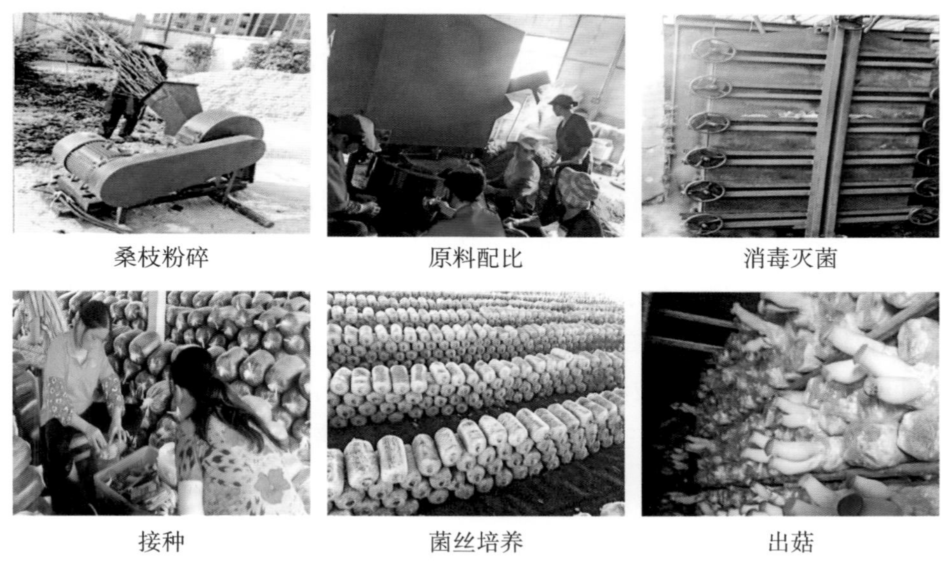

桑枝粉碎　原料配比　消毒灭菌

接种　菌丝培养　出菇

图 4-3　桑枝食用菌基本生产流程

专家指点：目前市场上食用菌品种较多，不同的品种对培养料和生长条件的要求也不一致，生产中应当根据当地的气候特点，选择适应性广、抗逆性强、适合当地栽培且适销对路的高产优质品种，栽培种应从正规菌种生产厂家或科研单位购买，有条件的也可以自己购买母种或原种扩繁。另外，为了确保食用菌达到无公害的品质要求，食用菌的病虫害防治是不允许使用任何化学农药的，只能按照食用菌栽培中的综合防治方法进行预防。

（八）病虫害综合防治

桑枝食用菌生长发育的环境条件，往往也适合各种病虫害的生长。在食用菌栽培实践中，单靠药剂防治还不能解决问题，必须采取以预防为主、综合防治的措施，把病虫害控制在露头之前。

1. 栽培防治

要采用先进的栽培措施，进行科学管理，尽量满足食用菌对温度、湿度、营养、空气、光线等的要求。在有效栽培期内，力争早发、发足、发好菌丝，为早出菇、长大菇打好坚实的基础。出菇后，调节好温、湿、气等培养条件，进行以壮菇为中心的管理，达到减轻病虫危害的目的。

2. 化学防治

一是搞好环境卫生。栽培场地要远离仓库、饲料间、鸡棚等病虫害传播源，栽培场所除用清水冲洗干净外，还要用 10% 浓度的石灰水喷洒四壁及地面。接种前一天，关闭门窗，用 40% 甲醛熏蒸，培养室外墙四周用 0.5% 敌敌畏溶液喷洒驱虫。二是床架、用具药物消毒。栽培食用菌的床架、用具可用 1% 高锰酸钾溶液洗涤或用 3%~4% 的苯酚溶液喷雾消毒，可防止线虫、螨类等虫害发生。三是培养料消毒。生料栽培时，加 0.3% 的多菌灵可抑制霉菌。

（九）采收、保鲜保存

当菇体长至菇盖 2~8 厘米，菇盖灰褐色时便可采收；采收的鲜菇，用干净小刀或剪刀除去过长的菌柄，料面切记保持干燥 2~3 天后方可再补湿。将处理好的鲜菇按等级分类进行封口包装，封口带致密平滑不漏气，最后将打好包的鲜菇置于低温冷库保存或直接销售。

三、几种常见桑枝食用菌高产栽培技术

（一）香菇

香菇肉质肥厚、滋味鲜美、香气沁脾，深受广大群众的喜爱，是我国特色出口土特产之一（图 4-4）。目前生产上用桑枝栽培香菇最佳的配方为：

图 4-4　桑枝食用菌——香菇

桑枝木屑 65%，稻草 17%，麦麸或玉米粉 15%，石膏粉 2%，蔗糖 1%，水适量；先将前三种料拌匀，把蔗糖、石膏粉溶于少量水中加入料中搅拌，并加水使拌料含水量达 60%~65%，灭菌前调 pH 值到 7.6~8.2。根据湖南省的气候条件及香菇生长周期，宜在 8 月上旬至 9 月中下旬制作菌袋并发菌培养，11 月中旬至第二年 5 月上旬出菇，用聚乙烯袋制成长 42 厘米、宽 15 厘米的菌棒，装好培养料后两端扎封，培养料要特别注意装紧，不紧会造成材料成本及杂菌污染率升高；装好后于高温高压下灭菌，彻底灭菌需要保证料温达到 100℃后保持 10 小时，先冷却再及时在无菌室接好菌种，当气温偏高时，接种宜在早晨和晚上进行，用直径 1.5~2.0 厘米的打洞器在菌棒上打洞，迅速接种后封好洞口；发菌期间，在发菌室菌棒以“#”字形交错摆放，接种后 10 天内不要搬动菌包，温度控制在 22~26℃，培养 50 天左右便可长满菌丝；当菌丝吃透培养料后，开始袋栽香菇的重要环节——脱袋转色。具体方法是：选择好气温 15~20℃的阴天脱去薄膜，迫使菌丝停止生长，菌棒表面形成一层褐色的菌膜，转色完成；香菇属于变温结实型菇种，转色后早晚增加温差 10℃左右，可促进菇蕾及子实体形成，其间空气相对湿度保持在 90%，防止温度过高和杂菌污染，发现杂菌侵染，要加强通风及用多菌灵稀释液喷洒；当生长到菌盖边缘稍内卷、菌褶全部伸直、菌伞未张开时即可采收。

（二）平菇

平菇具有高蛋白、低脂肪的特点，是国内外公认的健康食品而被广泛栽培（图4–5）。平菇为木腐生类型食用菌，目前以桑枝为主料进行袋栽平菇的常用配方为：桑枝木屑41.8%，棉籽壳37%，麦麸（或米糠）17%，石膏粉2%，过磷酸钙1%，蔗糖1%，多菌灵0.2%。把桑木屑提前曝晒几日，将蔗糖、多菌灵、石膏粉溶于少量水中，与桑木屑、麦麸、过磷酸钙混拌在一起，加水使拌料含水量达50%~60%，灭菌前调pH值至6~7。袋料栽培桑枝食用菌——平菇宜使用长45厘米、宽22厘米的聚乙烯袋装料3千克左右，单头袋口套塑料环、报纸封口比较经济；接种后料温要保持在30℃以下，最佳培养温度为25~28℃，如温度过高，就需要加强通风降温，发菌期间长时间的高温高湿容易引起杂菌及菇蚊侵害，一旦发现，应及时移出培养房，喷洒药剂，并隔离培养，保持适当的温湿度，经25~30天菌丝长满，揭盖进行出菇培养，进一步增加空气相对湿度，向地面及空间喷水，给予散光照射，保证子实体正常生长；当丛生平菇的菌盖最大直径达到8厘米，可全丛采下，注意保持完整性；采完第一茬菇后将培养料干燥3天后再喷水压实，按上述方法管理，10天后可采第二茬菇。

图4–5　桑枝食用菌——平菇

（三）秀珍菇

秀珍菇原产于印度，20世纪末由台湾引进，因其口感脆嫩、味道鲜美而成为深受大众欢迎的优质珍稀菇类（图4–6），生产上常用的桑枝秀珍菇栽培配方为：桑枝木屑66%，米糠10%，麸皮20%，石灰2%，蔗糖1%，石膏粉1%。培养料含水量60%~65%，pH值6~6.5。高温季节把木质料堆积发酵4~5天后再装袋灭菌。秀珍菇生长期间的培养管理可参照平菇的培管方法，稍不同的是秀珍菇有变温结实的习性，早晚温差在 8~10℃时，现蕾快，出菇整齐，高产优质，一旦在原基生长阶段保持恒温，子实体很难形成，因此在规模生产中，需要人为地进行较大的温差刺激；此外，需要防治黄菇病的发生，可采取提高菇体自身抵抗力、科学使用低浓度漂白粉液控制、及时清理病菇防止传播等措施来进行防治。当菇盖长至 2.5~3.0 厘米时采收，采完后待菌包料面稍干再搔菌，做好转潮管理。

图 4-6　桑枝食用菌——秀珍菇

（四）灵芝

灵芝又称“仙草”，自古以来是我国的一味传统的药用真菌，又由于桑枝自身的药理活性，用桑枝培育出的灵芝具有更高的食药用价值（图 4-7）。在桑枝袋料栽培灵芝的生产中，用桑枝木屑 50%、棉籽壳 30%、麦麸 15%、石灰 2%、石膏 2%、蔗糖 1%，含水量 60% 的培养料配方培育出的灵芝产量最高，且污染率低。桑枝经粉碎后拌料装在规格为 18 厘米 ×37 厘米的食用菌聚丙烯袋中，高温高压条件下灭菌，之后在无菌环境下接种，放在温度 25℃、湿度 60%~70% 的发菌室中暗培养，40 天左右菌丝可长满菌袋，其间注意杂菌及蚊虫侵害；移入出芝室，由于灵芝具有较强的趋光性，室内光线强度应调整到 400~600 勒克斯，调控最适生长温度 25~30℃，25℃左右时分化最快、长势最好，灵芝属于高温喜湿型真菌，湿度应保持在 80%~90%，湿度偏低时，应向空间喷雾，并定时通风，改善通气条件，培养 60 天左右，待菌盖边缘白色生长圈消失，孢子粉停止弹射时便可采摘。

图 4-7　桑枝食用菌——灵芝

（五）黑木耳与金针菇

黑木耳属于中温型菌，菌丝在 15~36℃均能正常生长，子实体在 15~32℃都能形成并发育，但以 22~28℃为最佳（图 4-8）。黑木耳对低温的耐受能力较强，但对于高温多湿的环境，菌丝易死亡并自溶，出现流耳现象，因此黑木耳的培育要尽量避免高温天气。桑枝黑木耳配方为：桑枝木屑 76%，麦麸 20%，蔗糖 2%，过磷酸钙 1%，石膏粉 1%。将配方原料混合后加入干净清水充分搅拌、使之干湿适宜（含水量 55%~60%），然后打堆闷料（春天闷 2 小时，秋天闷 0.5~1 小时）。特别注意的是黑木耳开出耳口应用“V”字形开法，每个菌袋开 12 个出耳口，口长 2 厘米，深 0.5~0.8 厘米，上端距袋口 2 厘米，下端距袋底 4 厘米，角度为 45°，或使用气缸式打孔机快速、均匀在菌棒上打孔。催耳阶段温度应控制在 18~23℃、湿度 80%~90%，给予散射光照，当耳片充分展开，边缘逐渐变薄，腹面出现孢子粉时即可采收。

金针菇属于典型的低温菇类，菌丝在4~25℃的范围内均可生长，子实体生长最适温度为12~15℃，在合适的生长环境下，子实体形成只需要13天（图4-8）。桑枝金针菇配方为：桑枝木屑71.8%，麸皮17%，干蚕沙8%，过磷酸钙1%，石膏粉1%，蔗糖1%，多菌灵0.2%。先将前四种料拌匀，把石膏粉、蔗糖、多菌灵溶于少量水中加入料中搅拌，使拌料含水量在55%~65%，灭菌前调pH值到6~6.5，把配料闷1~2小时即可装袋，切记在养菌完成后必须进行表面搔菌，才能顺利现蕾菇。

图4-8　桑枝食用菌（左为黑木耳，右为金针菇）

第三节　桑园间作套种

桑园间作套种是指在不影响桑树正常生长的前提下，在新栽桑园或成林桑园桑树生长空闲季节套种果蔬等作物，使其耕地资源、光照资源、土壤养分得到充分利用，提高桑园综合产出率。开展桑园立体种植，要做到“一年四季无白地，春夏秋冬皆有益”。

一、主要间作套种果蔬品种与播种时间

适合湖南省桑园可间作套种果蔬品种有很多，其主要品种与播种时间见表4-1。

表 4-1　湖南省桑园主要间作套种果蔬品种与播种时间

品种名称	播种时间	收获时间	备　注
莴　苣	9 月中旬	次年 4 月上中旬	秋冬季成林桑园“休闲期”间套种
大　蒜	9 月下旬	次年 4 月下旬	
洋　葱	9 月上中旬	次年 4 月中旬	
榨　菜	9 月下旬	次年 4 月上旬	
芥　菜	9 月下旬	次年 2~4 月	
马铃薯	12 月中上旬	次年 4 月中下旬	
胡萝卜	9 月上旬	12 月中下旬	
生　姜	谷雨至立夏	10 月中下旬	新栽桑园“未成林期”间套种
豆　角	4 月上旬	6 月下旬	
辣　椒	3 月中下旬	6 月下旬	
西　瓜	4 月上旬	6 月下旬	
草　莓	10 月上旬	次年 4 月中下旬	

二、生产上常用套种作物的栽培方法

（一）幼龄桑园套种西瓜

目前湖南蚕区套种的西瓜品种主要有无籽西瓜湘科 3 号、湘西瓜 16 号、湘育 301 等。一般在 4 月上旬用营养钵播种育苗，待叶展开或有 2 片真叶时定植。定植前要翻耕平整土地，并施入基肥，按行距 3 米、株距 0.5 米栽植，每亩栽 450 株左右，先覆盖地膜，再掘穴定植。苗期要中耕除草，追施 10%

图 4-9　桑园套种西瓜

的清水粪提苗，瓜藤长到 0.5 米左右时，每亩施饼肥 50 千克、磷肥 20 千克，坐果后施一次 50% 腐熟的人粪尿 600 千克，并采用整枝、压藤和留瓜技术提高产量（图 4-9）。西瓜的病害主要有枯萎病及炭疽病，枯萎病在发病初期一般用 70% 甲基托布津 200 倍液或农抗 120 稀释 100~150 倍液灌根，7~10 天浇一次，连浇 3~4 次；炭疽病则用 75% 百菌清 600~700 倍液喷雾，每隔 7~10 天喷一次，连喷 3~4 次。一般每亩可产西瓜 1800 千克。西瓜采收结束后，藤蔓留在地里作为腐殖质。幼龄桑园不宜连作西瓜。

（二）幼龄桑园套种草莓

草莓是水果皇后，不仅外观色泽鲜艳、营养丰富，而且效益也高。草莓具有喜光、喜水、喜肥、怕涝的特点，故套种桑园应选择地势较高、土质疏松、排灌方便、光照良好、有机质丰富的壤土或砂壤土种植（图 4-10）。套种草莓品种主要是章姬和红颜等。桑园套种草莓以 9 月下旬至 10 月上旬为好。栽种前深翻土地并施足基肥，每亩施腐熟农家肥 1500 千克、磷肥 10 千克。桑树行间做宽 0.8 米的栽培畦，畦上覆盖地膜，以行距 0.25 米、株距

图 4-10　桑园套种草莓

0.2 米栽 3 行，每亩栽 5000~6000 株，栽时秧苗应选择具有 3~5 片叶、新根 10 条以上、顶芽饱满的无病壮苗进行栽植，苗心应与土地呈水平位置。栽后要及时灌水，春季萌幼芽至开花前每亩追施复合肥 20 千克、人粪尿 500 千克。草莓病害主要有叶斑病和根腐病。防治叶斑病用 70% 代森锰锌可湿性粉剂、每亩 200 克兑水 75 千克进行喷雾；防治根腐病则是在草莓移栽前用 40% 芦笋青粉剂 600 倍液浇于畦面，然后覆土，整平移栽，以有效杀死土壤中的病菌、减少传染机会。通常次年 4 月中下旬是采收季节，一般隔 1~2 天采收 1 次。每亩产量在 2000 千克左右。

（三）幼龄桑园套种豇豆

新栽植桑园当年可套种豇豆，应选用生长势强、丰产、耐涝、抗病并适于套种的矮生品种（如中豇一号等）。豇豆根系再生能力弱，伤根后不易发新根，春季应采用营养钵育苗移栽（图 4-11）。整地时要求施足基肥（每亩施腐熟的鸡粪或猪粪 1200~1500 千克、三元复合肥 50 千克、钙镁磷肥 25 千克），起深沟高畦（畦高 25 厘米、畦宽 140 厘米左右）。豇豆苗龄 25~30 天，2 片复叶时即可开穴定植，定植时每畦种植双行，畦面小行距 50~60 厘米、株距 25 厘米，每亩栽 3000 株左右。豇豆抽枝长蔓迅速，有 5~6 叶时就应搭人字形支架，以减少遮荫和便于采收。施肥管理应掌握不偏施氮肥，注意增施磷、钾肥。当第一花序嫩荚 3~4 厘米长时，结合浇水每亩追施尿素 8 千克、硫酸钾 2~4 千克；进入开花结荚盛期，每亩追施尿素 4 千克、硫酸钾 2~4 千克，也可用 2% 过磷酸钙浸出液加 0.3% 硫酸钾等进行 2~3 次叶面追肥。整个生长期间遇雨应及时排渍，以免烂根、掉叶、落花。豇豆病害以煤霉病和锈病为主。在发病初期，用 50% 甲基托布津或 50% 粉锈宁可湿性粉剂 1000 倍液，7 天喷 1 次，连喷 2~3 次。虫害有蚜虫、豇豆荚螟和美洲斑潜蝇等。蚜虫和豇豆荚螟可用 50% 杀螟松防治，豇豆荚螟防治重点在花期；美洲斑潜蝇可用 1.8% 虫螨克 2500 倍液或 10% 吡虫啉 1000 倍液防治，美洲斑潜蝇防治时期以二龄幼虫为最适。6 月中下旬即可采收嫩荚。每亩产量 1500~2000 千克。

图 4-11　桑园套种豇豆

（四）幼龄桑园套种辣椒

该模式应选择抗病、株型紧凑、坐果率高、果实商品性好的辣椒品种，如湘椒 6 号等。桑园套种辣椒一般采用小高畦栽培模式，畦面宽 1.3~1.5 米、畦高 0.2 米；畦面种植辣椒 2 行，株行距为 35 厘米 ×40 厘米，每亩种植约 3000 株（图 4-12）。整地时每亩施入充分腐熟的沼肥或其它有机肥 3000 千克、过磷酸钙 50~100 千克、硫酸钾 20~30 千克或饼肥 50~100 千克作基肥。3 月中下旬完成播种，辣椒苗长到 7~8 片真叶、株高 12~15 厘米时，即可移植。辣椒定植后至坐果前，要促根、促秧、促发棵，应在缓苗后 5~7 天结合浇水追施一次提苗肥，每亩施尿素 10 千克，还可用 0.5% 磷酸二氢钾加 0.3% 尿素混合液喷施；坐果早期、门椒开花后，应严格控制浇水，防止落花落果；大部分门椒坐住后，结合中耕除草进行一次追肥，确保后期分枝、开花及果实发育营养的需求，以提高结果率、防止植株早衰。辣椒主要病害有病毒病、疫病、白粉病等。病毒

图 4-12　桑园套种辣椒

病可用 2% 宁南霉素水剂 500 倍液防治，每隔 10 天喷施一次，连续喷 3~4 次；疫病可用 64% 杀毒矾可湿性粉剂 500 倍液防治，每隔 7~10 天喷施一次，视病情可连续喷 2~3 次；白粉病用 50% 甲基托布津 500~1000 倍液防治。主要虫害有地老虎、棉铃虫、烟青虫、蚜虫、红蜘蛛等。发现地老虎为害幼苗，可用 2.5% 敌杀死喷施椒苗和土壤；棉铃虫、烟青虫、蚜虫、红蜘蛛等可用 2.5% 溴氰菊酯 1000 倍液防治。辣椒以青熟期采果为主，约在花后 20~25 天。每亩产量约 1500 千克。

（五）成林桑园套种马铃薯

套种用的种薯应选用早熟、高产稳产、抗性强、品质好、适应当地栽培的马铃薯品种，如湘马铃薯 1 号、中薯 5 号等，这些品种一般在 4 月底至 5 月上旬即可采收上市，市场销量大、价格好，不误养蚕农时（图 4-13）。马铃薯栽种时间以 12 月上中旬为宜。栽前翻耕平整土地、施足基肥，一般每亩施腐熟农家肥 800 千克、硫酸钾复合肥 150 千克，集中施于垄中间深处，然后整出宽 80 厘米、高 20 厘米的畦。定植时每畦种植双行，按行距 40 厘米、株距 30 厘米栽植，每亩栽 2500 株左右，栽种深度为 5 厘米，薯芽向上，应尽量选用 40 克左右的健康小整薯直接播种，60 克以上的种薯可切块播种，一般每个切块重量应在 30 克以上，并带有 2~3 个芽眼。薯块不能直接与肥料接触，栽种后用农膜或稻草覆盖。马铃薯水分管理应掌握前期足水、中期少水、后期湿润的原则，整个生长期，一般灌水 3~4 次。施肥按照施足基肥、适时补充追肥、适当根外追肥的原则，幼苗期可用 0.2% 尿素水溶液每 7 天喷 1 次，连续追肥浇水 2 次；后期距收获期 40 天，用硫酸钾水溶液每 7~10 天喷 1 次，以加速淀粉积累。马铃薯播种后 30 天应用 65% 代森锌可湿性粉剂 800 倍液喷雾防治疫病；出苗达 70% 以上时，可用辛硫磷 800 倍液喷雾，防治地老虎。马铃薯块茎充分长大，地上部分植株停止生长即可进行收获，收获时注意用锄头挖收薯块，并进行晾干、分级出售。马铃薯每亩产量可达 2000~2500 千克。

图 4-13　桑园套种马铃薯（左为国家桑蚕改良中心长沙分中心，右为君山区良心堡镇）

（六）成林桑园套种榨菜

榨菜无论是本身的生物学特性还是对桑园环境的适应性，都非常适合桑园套种。桑园套种榨菜应选择抗寒性强、耐病毒病和软腐病、肉质致密、加工性能优良、净菜率和商品率高的品种（图 4-14）。湖南省一般在 9 月下旬至 10 月上旬播种，11 月中下旬将具有 5~6 片真叶的榨菜苗移栽。移栽前翻耕平整土地、施足基肥，一般每亩施碳酸氢铵 30 千克、过磷酸钙 25 千克、氯化钾 10 千克或者复合肥 30 千克。移栽时每行桑树可栽 4~5 行，按行距 25 厘米、株距 15 厘米栽植，每亩不能少于 6000 株。定植后的缓苗期，每亩追施人畜粪肥 1500 千克；2 月下旬至 3 月上旬榨菜进入快速生长期应追施速效肥，每亩追施尿素 15 千克、氯化钾 5 千克。榨菜的苗期要加强对蚜虫的防治，可在 10 月下旬或 11 月上旬移栽前用蚜虱净 2000 倍液喷洒。榨菜采收的迟早与产量、品质有密切的关系，一般在 3

图 4-14　桑园套种榨菜

月底或4月初就要收获。榨菜每亩产量可达2000千克左右。

（七）成林桑园套种芥菜

芥菜喜冷凉湿润的气候环境，套种用种应选用分蘖力强、长势旺、抗性强、耐低温、抽薹晚、产量高的中晚熟良种，在9月下旬至10月上旬播种育苗。芥菜秧苗5~6片真叶、苗高15厘米左右即可移栽定植。定植前整地，每亩施入腐熟的农家肥1000~1500千克，结合整地翻入土中。然后整出宽80厘米、高20厘米的龟背状畦，定植时每畦栽种双行，按行距35厘米、株距25~30厘米栽植，每亩栽2500株左右（图4-15）。栽后及时浇定根水，移栽后5~7天补苗。叶用芥菜以其全叶供食，追肥时以氮肥为主，定植成活后，用清粪水加尿素的稀释液作提苗肥；以后视其生长情况再追施3~4次肥料，采收前半个月停止追肥。芥菜的病害主要是病毒病。病毒病是通过蚜虫传播的，防治蚜虫可选用10%吡虫啉可湿性粉剂1500倍液进行喷雾防治。采收的时间应结合市场需求，一般在翌年2~4月均可采收，以晴天下午采收为宜。湖南省春蚕一般在4月底开始饲养，时间刚好吻合。每亩桑园可收获鲜芥菜2000~2500千克，可腌制加工成梅干菜200~250千克。

图4-15　桑园套种芥菜

（八）成林桑园套种大蒜

桑园套种大蒜以9月下旬至10月上旬播种为好，每亩用种量约140千克。播种前深翻土地并施足基肥，每亩施腐熟农家肥1500千克、蔬菜专用复合肥50千克。然后在桑树行间做高20厘米、宽0.8~1米的栽培畦，以行距25~30厘米、株距6厘米栽3行，每亩栽1.5万~2万棵，栽植后用细土把蒜瓣盖没并及时浇水。出苗后结合中耕松土追肥1~2次，每亩施尿素

20~30 千克；开春后要整沟排水，并于 3 月中旬每亩追施硫酸铵 30~40 千克，以促进抽薹及蒜瓣的生长发育（图 4−16）。通常出苗后 60~70 天即可采收蒜薹，蒜薹采收后 20~25 天叶梢焦黄时就可采收蒜头。每亩桑园可收蒜薹 120~200 千克、蒜头 1000~1500 千克。

图 4−16　桑园套种大蒜

三、桑园套种应注意的问题

1. 适时合理用药，确保套种作物和养蚕安全

桑园套种应当按照安全、无公害的要求，规范使用农药，实行标准化生产，禁用高毒、高残留农药及对蚕有不良影响的农药，以确保间作物产品绿色天然及养蚕用叶安全。

2. 分清主次，合理套种

桑园套种应坚持以桑树为主、套种作物为辅的原则，切不可本末倒置，防止偏向套种而有损于桑树生长的做法，管理上严把“四关”，即整土施肥关、合理密植关、精培细管关、虫害防控关。

3. 科学合理地选择套种作物

在坚持合理套种的前提下，因地制宜，巧妙安排茬口，选择抗病、丰产、生长周期短、市场需求量大、经济价值较高的作物品种。

4. 搞好规划，打造特色品牌

生产上要尽量做到集中连片、适度规模种植，以便于组织生产、指导销售，并打造一地一品的特色品牌。

专家指点：套种桑园应选栽株型紧凑、枝条直立的桑品种，栽植密度不宜过大，宜采取宽窄行形式。套种的作物应选择生长期短、株型矮小、根系浅、无蔓或短蔓、不与桑树过度争水争肥及与桑树有明显共患病虫害的作物。间作套种作物的病虫害防治要充分考虑养蚕用叶的安全，应选择高效低毒低残留的农药。

第四节　桑园养禽

桑园养禽是指雏禽脱温后，放养于环境条件较好、无敌害侵袭的成林桑园内，以散养为主，让其自由采食青草、杂草种子、昆虫、蚯蚓等，辅以补饲的野外养殖方式。这种养殖方式投资少，禽肉鲜美细嫩、野味浓郁，售价高，又符合绿色食品要求，是一项值得大力推广的绿色养殖技术。

一、桑园养禽的优越性

1. 改良土壤，提高桑叶的产量和质量

桑园养禽可为桑园提供优质的农家肥，大量的禽散养于桑园内，依其喜扒土觅食的习性，桑园表土长期处于疏松状态，有利于改善土壤理化性状，提高土壤肥力。据调查，一只禽一年可产约 50 千克鲜粪，相当于给桑园施入 0.85 千克氮肥、0.75 千克磷肥、0.45 千克钾肥，可提高桑叶产量。

2. 减少人工除草、防治虫害成本

禽是杂食性动物，桑园里生长的杂草、害虫等都可作为禽的饲料，不用人工进行除草、治虫。每公顷桑园可节约除草、治虫成本 500~800 元。

3. 减少桑园病虫害及杂草的危害

一些桑树病虫害的发生，与桑园杂草及虫口密度成正相关。桑园养禽既可避免或减少杂草的危害，也可降低以桑地与树干为越冬场所的害虫密度，从而达到防治杂草和病虫害的目的，兼具生物防治的效果。

4. 为消费者提供天然绿色食品

桑园养禽相对于专业养禽场及农户庭院内饲养，禽活动空间大、自由运动时间长，能量消耗多，因而禽肉紧实、脂肪少、肉质鲜嫩；同时禽类取食桑园里的杂草和昆虫，精料是玉米、大豆等混合饲料，不含任何添加剂，产出的是生态、绿色的纯天然肉蛋类食品，其营养价值高，备受消费者的青睐。

二、桑园养禽技术要点

1. 选对品种

桑园养禽应选养品质好、活泼好动、耐粗饲、抗病力强、适宜放养的品种，如鸡、鸭等（图 4−17）。

图 4−17　桑园套养土鸡

2. 选好场地

在建放养桑园时，应选择卧伏枝条少的桑树品种，如湘 7920、育 71−1、强桑 1 号等优良品种；栽植形式以宽窄行或等行栽植；树型养成以中、高干桑为宜，为禽提供充分的散养活动空间。同时应选择地势高、无污染、无兽害的桑园作为放养场地。在桑园四周，每隔 3~4 米立一根支柱，围上 1.5~2 米高、网目约 2 厘米 ×2 厘米的网，在禽舍外围设出口。

3. 建好禽舍

禽舍是放养禽类晚间休息的地方，可采用砖瓦结构或简易的木结构，使用三合土或水泥地面并铺设厚 5~10 厘米的锯末或垫草。每群（300~500 羽）应建造 80~100 平方米禽舍。

4. 适时放养

鸡、鸭等雏禽一般夏季 25 日龄、春秋季 40 日龄、冬季 50 日龄开始放养。一般夏季的放养时间为上午 7:30 至下午 5:30，冬季则为上午 10:00 至下午 4:00。如遇刮风下雨则不宜放养。每亩桑园放养 80~120 羽，每群以 300~500 羽为宜。群体过大，补饲时易发生挤伤；群体过小，经济效益低。

5. 合理补饲

补饲一般用玉米、米糠、红薯、南瓜及少量混合饲料。补饲早晚各 1 次，早上少喂、晚上喂饱。应尽量让禽在放养桑园中寻找野生食物，并增加禽的活动量，以提高禽的肉质品味。

6. 防治疾病

预防传染病的方法是及时注射或添食相应的疫苗，同时要求同一舍内饲养同日龄同品种的禽。

7. 及时出栏销售

饲养期长短处理不当，会直接影响禽的肉质风味及养殖效益。一般应掌握放养禽类达 100~120 日龄，体重达 1.3~2 千克时，及时上市销售。

专家指点：为确保桑园养禽安全，首先要选用当地的地方品种，因其具有体形小巧、活泼好动、抗病力强、适应当地气候与环境条件的特点；其次要正确处理药物治虫与畜禽放养的关系，桑园治虫应使用低毒高效专用农药，在喷药期间实行限区围栏放养，以避免中毒；第三要严防猫、黄鼠狼、老鼠等兽害侵袭。

第五章
蚕桑资源高值化加工技术

5

蚕桑资源高值化加工技术的创新与利用是延伸产业链、提升价值链、实现传统蚕桑产业转型升级的重要途径之一。丝绵加工技术已促进丝绵被生产快速发展，在蚕丝终端产品中丝绵被已成为原料茧消耗较大的一个门类，超过了 20%。桑叶茶、桑饲料等产品虽在市场上还未形成规模，产业化发展态势尚在形成之中，但其加工产品的功能性特色已经凸显，相应的加工技术也在不断创新与积累，并逐渐趋于成熟。

第一节　桑叶茶加工

一、加工场地与装备

选择在茶用或兼用桑树种植相对集中的区域建厂，远离垃圾场、畜牧场、医院、粪池、农田和排放“三废”的工业企业。要求水源清洁、充足，日晒充分，具有加工用电条件件。具备与加工产品类别、数量相适应的加工车间、仓库、晒场等辅助场地，厂房面积不应少于设备占地面积的 5 倍（图 5-1）。厂区内禁止饲养禽畜及其它动物。加工桑叶绿茶和桑叶黑毛茶应具备桑叶切整、杀青、揉捻、发酵、干燥等设备，以及使用无异味的竹、藤、木材等天然材料和不锈钢、食品级塑料等制成的篓、框、铲等制茶工具。

图 5-1　桑叶茶生产厂房

二、桑叶绿茶加工

对加工条束要求较高的桑叶绿茶，其工艺流程为选叶清洗→晾干萎凋→切整→杀头青→风选→冷却→初揉→杀二青→冷却→复揉→烘焙干燥→分级包装。一般产品加工可简化为一次杀青、一次揉捻。

选叶清洗：选择无病虫害、无老化焦边、无泥沙的桑叶，洗净其表面的杂质和灰尘，抹去明水。

晾干萎凋：将桑叶按 3~5 厘米厚度平摊在阴凉、通风、无阳光照射的室内多层萎凋台或彩条布垫底的地面上，室温 25~27℃，时间 3~5 小时，风扇吹至轻度萎凋。

切整：根据成品茶不同条束要求，使用切桑机切成长 3~5 厘米、宽 1.5~3 厘米的桑叶条（图 5-2）。

图 5-2　桑叶的切整及条形桑叶

杀青：桑芽茶使用电热龙井锅杀青，头青下锅温度 160~200℃，二青下锅温度 150~160℃，每次投叶量为 1 千克，翻炒时间 3~4 分钟。各级桑叶绿茶采用各型滚筒式杀青机杀青（图 5-3）。其中特级、一级叶筒芯温度 110~140℃、时间 2~4 分钟，二、三级叶筒芯温度 130~160℃、时间 3~5 分钟。掌握叶片柔软且有黏性，叶脉折而不断；青臭气消失，清香显现；杀青叶含水量控制在 45%~50% 为杀青适度。

图 5-3　滚筒式杀青机及其杀青操作

风选：使用风选机筛选出叶柄和较粗叶脉，叶柄叶脉可交由桑饲料厂加工发酵桑饲料（图 5-4）。

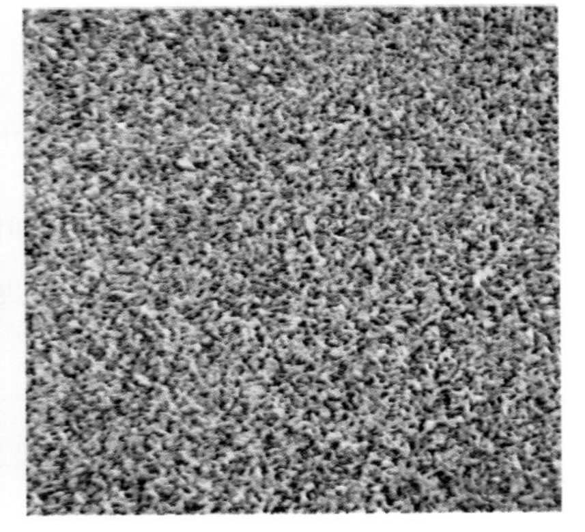

图 5-4　风选机及经风选后的杀青桑叶

揉捻：初揉时将头青桑叶散热、冷却返潮后，使用揉捻机揉捻，时间为 8~12 分钟，使桑叶柔软而有黏手感，呈暗绿色并具有清香味，初步卷紧桑叶条束；复揉时将二青桑叶散热，揉 5~10 分钟，达到卷紧条束的目的（图 5-5）。

图 5-5　揉捻

干燥包装：使用烘焙提香机干燥，温度 90~110℃，时间 25~35 分钟一次干；或初烘 20~25 分钟后冷却还性 2 天，复烘 15~20 分钟，含水率控制在 7%~8%；干燥下机冷却后，使用风选机筛选，使用符合外观要求的真空包装，低温贮藏，剩余的不规则部分可制作桑叶黑毛茶（图 5-6）。

图 5-6　桑叶绿茶的烘焙提香与包装

此外，规模化制作高品位桑叶绿茶时，应增加理条整形工序，分别采用多功能理条机、双锅曲毫机进行理条整形。

三、桑叶黑毛茶加工

桑叶黑毛茶加工流程为选叶→切整→补水→杀青→揉捻→渥堆→复揉→干燥→冷却包装。选叶与切整工艺与桑叶绿茶加工相同，其它工艺略有差别。

补水杀青：根据季别，在杀青前对桑叶均匀洒水 3%~8%。采用滚筒式杀青机工艺，杀青程度略低于桑叶绿茶，杀青叶含水率 50% 左右。

揉捻：一般采用一次揉捻。杀青叶出筒后不散热直接上揉捻机，根据桑叶级别揉 4~8 分钟；作为制作天尖、超级茯砖等条束要求较高产品的原料，在渥堆解块后进行复揉，时间 5~10 分钟。

渥堆：制作桑叶黑毛茶的揉捻叶不需解块，趁湿热选择密闭、洁净场所下衬篾垫堆放，码堆高度 40~100 厘米，加盖湿布或彩条布；在室温 25~35℃，相对湿度 75%~85% 条件下，春季渥堆 10~15 小时，夏秋季渥堆 6~12 小时，当堆芯温度达 40~45℃时翻堆一次；掌握茶坯表面出现水珠，带有轻微酒糟气味，茶团黏性变小，即为渥堆适度（图 5-7）。

图 5-7　桑叶黑毛茶的渥堆

干燥：桑叶黑毛茶使用七星灶烘焙。当焙帘温度达到 65~75℃时，撒第一层桑叶茶坯，厚度 2~4 厘米；烘至六七成干时撒第二层，厚度 1~3.5 厘米，重复该操作加到 4~6 层；上层茶坯达七八成干时，退火翻焙，将已干的底层和未干的上层翻转，继续升火烘焙（图 5-8）；各层桑叶含水率控制在 11% 以下时下焙，摊晾至室温后分级装袋。

图 5-8　桑叶黑毛茶的七星灶烘焙

四、桑叶精制黑茶加工

湖南省蚕桑科学研究所已首创安化桑叶黑茶精制加工技术体系，桑叶黑毛茶可交售（或委托）授权生产的黑茶精制厂，加工纯桑或复配桑叶茯砖、花砖、千两、湘尖茶等系列精制产品。其简要工艺流程如下。

桑叶茯砖：以桑叶黑毛茶或以桑叶黑毛茶配伍普通安化黑毛茶为原料，经过筛分整理、配伍拼堆、渥堆、汽蒸、计量、二次汽蒸、手工筑制、金花培养、干燥、包装入库（图 5-9）。

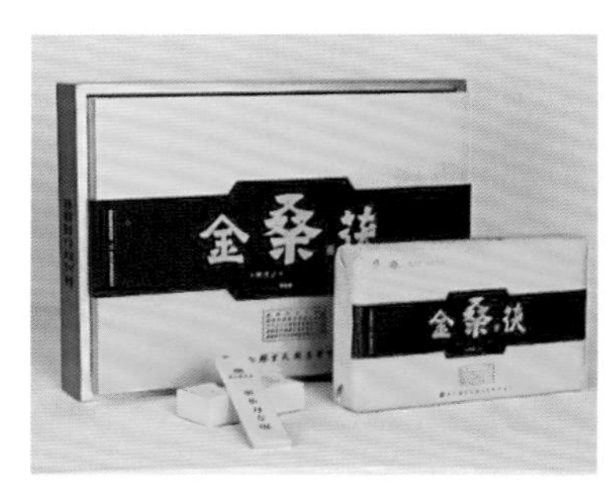

图 5-9　桑叶茯砖

桑叶花砖：以桑叶黑毛茶或以桑叶黑毛茶配伍普通安化黑毛茶为原料，经过筛分整理、配伍拼堆、渥堆、计量、汽蒸、机压定型、干燥、包装入库（图 5-10）。

图 5-10　桑叶花砖

桑叶千两茶：以桑叶黑毛茶或以桑叶黑毛茶配伍普通安化黑毛茶为原料，经过筛分整理、拼堆计量、汽蒸、装篓、滚压定型、日晒等自然干燥，包装入库（图 5-11）。

桑叶湘尖茶：以桑叶黑毛茶或以桑叶黑毛茶配伍普通安化黑毛茶为原料，经过筛分整理、拣剔拼堆、计量汽蒸、踩制压包、凉置干燥、包装入库（图 5-12）。

图 5-11　桑叶千两茶

特色桑香
中国人民大学人类学研究所
赵旭东

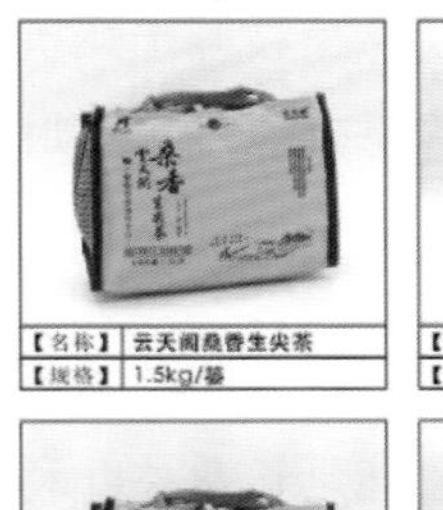

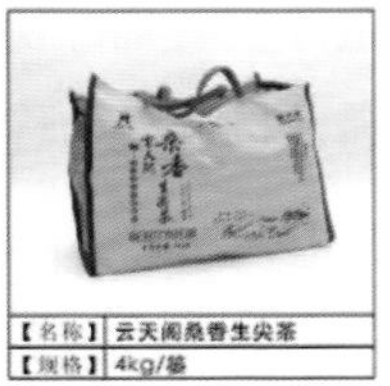

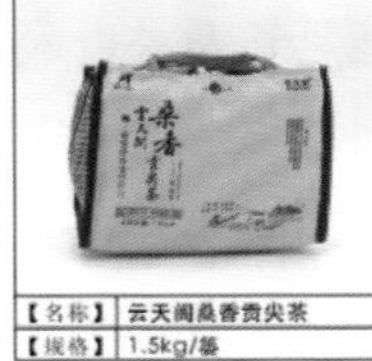

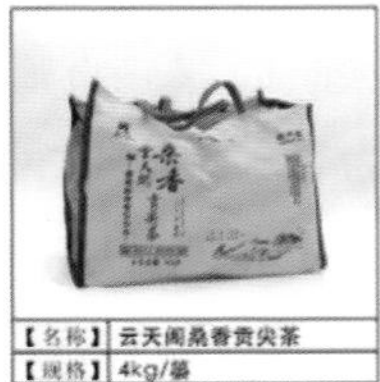

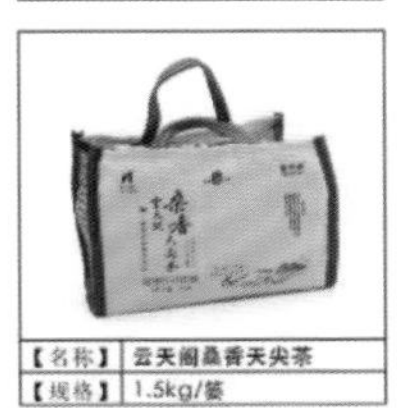

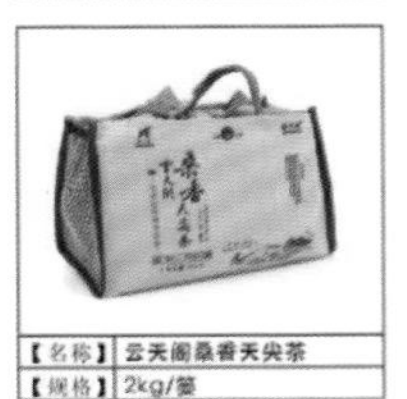

图 5-12　各色桑叶湘尖茶

第二节　桑饲料加工应用

一、加工场地与装备

选择在饲用或蚕饲兼用桑园和畜禽养殖场相对集中的区域建厂，要求水源清洁，日晒充分，具有加工用电条件。厂房可设计为钢架结构，面积500~1000平方米，车间面积应为装备面积的6倍左右。车间应建有萎凋槽或萎凋台，及原料仓库、半成品仓库、成品仓库、检测室及晒场等辅助场地。仓库最好规划在避光、阴凉、干燥、通风的位置。主要加工装备包括条桑粗碎机、细碎机、桑枝叶干燥机和粉碎机、填料粉碎机、混合搅拌机、斗式提升机、自动称重打包机、热封口机、饲料袋缝口机等设备。

二、桑枝叶青贮工艺

桑枝叶青贮饲料以桑叶及木质化前的嫩枝为主要原料，经微生物厌氧发酵调制而成。青贮能延长桑枝叶利用时间，减少营养损失。桑枝叶青贮主要分为窖贮和袋贮两种形式；因袋贮料比窖贮料酸性低，产生氨气、霉菌少，生产上大部分采用袋贮法。其工艺流程如图5-13。

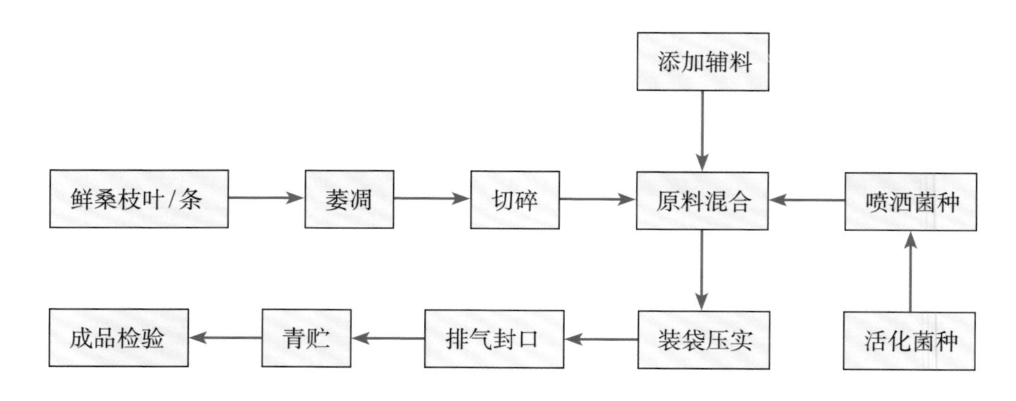

图5-13　饲料用桑枝叶青贮工艺流程

萎凋：萎凋的目的是控制发酵料结块、腐败和养分损失。采用晾晒萎凋、室内自然萎凋、萎凋槽萎凋等方法，将桑枝叶中75%左右的水分含量降至50%~60%；叶片萎缩发软，边缘卷缩，手搓桑叶黏手而不见水，绞搓枝茎变软不易折断为萎凋适度（图5-14）。

图5-14　新鲜桑叶的萎凋（左为新鲜桑叶，右为萎凋桑叶）

粗碎细碎：采用粗碎机（或收获粉碎一体机、揉丝机和细碎机）将桑枝叶加工成一定粒度的丝状物（图5-15）。一般单胃动物用料粒度尺寸控制在0.6厘米以内，反刍动物用料粒度则为2~5厘米。

图5-15　萎凋桑叶的粗碎细碎机组

活化菌种：取发酵菌剂（图5-16），加适量红糖、水配成发酵菌液，活化15~30分钟；添加一定量乳酸菌单一菌或复合菌剂可以缩短青贮发酵时间至10~15天；一般发酵菌剂与青贮饲料配比为1：1000。

图 5-16　菌种原液

添加辅料：其目的是调节青贮料初始水分至 50% 左右，并给微生物补充能量，提高青贮发酵品质；采用粉碎机将玉米、麦麸、秸秆等辅料粉碎，用提升机将辅料粉添加至桑枝叶粉碎料料仓；辅料添加量占混合料的 10%~20%，以手抓一把用力挤压后慢慢松开，手中原料球团缓慢散开，手中有湿印不滴水为适度。

混合搅拌：采用混合搅拌机将桑枝叶粉碎料、辅料和混合菌液充分搅拌均匀，时间 3~5 分钟（图 5-17）。混匀后及时装袋，避免堆积发热。

图 5-17　桑枝叶粉碎料、辅料和混合菌液的混合搅拌

装袋、排气与封口：使用带单向排气阀的，厚度在 0.2 毫米以上的 PE 塑料青贮袋；混合料入袋计量，分层压实，底部不留死角，尽量排出原料间隙中的空气；上部预留空间，以防发酵产生的二氧化碳等气体致使青贮袋胀破；将预留空间的空气挤压排尽，对青贮袋进行热敏封口，外包装袋缝线封口（图 5-18）。

图 5-18　饲料桑的青贮装袋

常温青贮：青贮袋转入避光、阴凉、通风仓库内存放（图 5-19）。记录气温、室温和袋温变化，定期观察袋口和袋脚褐变及霉变情况。青贮料一般夏季青贮 25~35 天，春秋季青贮 35~45 天后经检验出厂。

图 5-19　饲料桑的常温青贮

成品检验：青贮发酵完成后，开袋取样，根据青贮料的颜色、气味、质地等感官指标快速鉴定其品质好坏。感观评鉴要求见表 5-1。

表 5-1 饲料桑发酵料的感官评鉴要求

项目	优良	中等	低劣
颜色	青绿或黄绿色	黄褐或暗褐色	黑色、褐色或暗墨绿色
气味	芳香酒酸味	有刺鼻酸味，香味淡	具有特殊刺鼻腐臭味或霉味
质地	湿润、松散柔软	柔软	干燥松散或结成块，发黏，腐烂

三、干桑粉发酵工艺

为了满足饲料厂在冬季生产需求，必须应用干桑粉生产桑发酵料。干桑粉发酵工艺流程如图 5-20，与桑枝叶青贮相比，其主要技术要点基本相同，不同之处在于以下几方面。

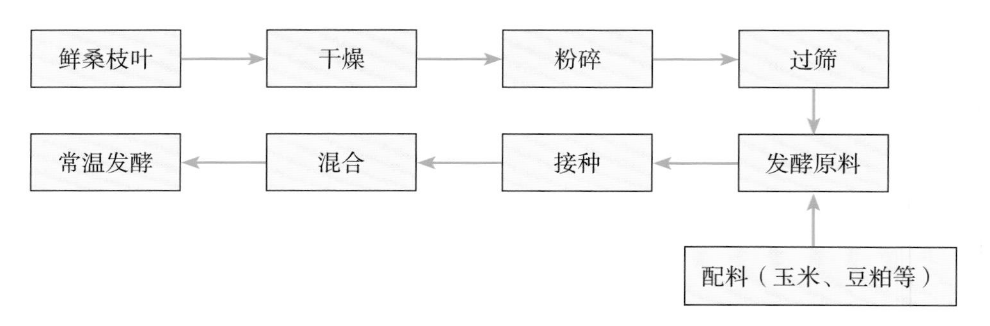

图 5-20 干桑粉发酵工艺流程

原料干燥与粉碎：原料产地将桑枝叶晒干，水分控制在 12% 以内；用常规粉碎机粉碎后可打紧压包，物流发送至饲料厂。

营养平衡：桑枝叶干燥后营养有所损失，为保持能量水平、营养水平与青贮料一致，满足畜禽对日粮营养的稳定性需求，辅料中应补充适量豆粕、赖氨酸、蛋氨酸等营养平衡材料。

菌种与水分：复合菌剂中适当调高乳酸菌与芽孢杆菌的含量，加速混合料中抗营养因子降解；增加混合菌液水分，满足混合料含水量在 20%~22% 水平发酵。常温下发酵时间为 10~20 天。

四、桑饲料的畜禽应用

大量研究和应用实践表明，桑叶粗蛋白、食用纤维含量高，富含黄酮、生物碱等多种药理活性成分；调制成桑饲料在畜禽生产中应用，气味酸香、柔软多汁，适口性好、消化率高，可替代部分豆粕、鱼粉等蛋白饲料。桑饲料不仅可促进生长（产）性能、屠宰性能提升，改善肉、蛋、奶品质风味，还能增强机体免疫能力，实现无抗饲养；能降低氨氮排放，改善养殖环境。同时，桑树根系发达，粪污消纳与固氮减排能力强，能促进区域构建桑树与畜禽种养平衡生态体系。

目前桑饲料在猪、牛、羊、鸡等畜禽生产中应用较多。根据相关中试结论和规模生产经验，在不同畜禽品种及其不同生长阶段的日粮中，桑饲料的添加水平差异较大，暂无行业标准，需根据养殖场具体情况及下面的参考数据在生产实践中灵活掌握。

单胃动物：由于单胃动物消化道缺少纤维降解酶，鸡、猪养殖中必须以桑发酵料添加至日粮中饲喂（图 5-21）。桑发酵料在单胃动物日粮中的添加水平，一般产蛋期蛋鸡为 6%~8%，在雏鸡阶段的肉鸡不宜超过 3%，中大肉鸡控制在 7%~9%；仔猪、生长育肥猪、母猪日粮中分别添加 3%~4%、9%~15% 和 20%~25%。

图 5-21　单胃动物（左为纯种宁乡花猪，右为罗蔓蛋鸡）

反刍动物：牛、羊等反刍动物能大量消化粗纤维，桑叶既可以作为青绿饲料直接饲喂，也可以加工调制成青贮料后添加到日粮中应用。桑饲料比其它饲草适口性更好，消化率更高，作为精料补充料应用于泌乳牛（羊）、犊牛和羔羊效果好，日粮中添加比例一般为10%~35%；桑青贮料应用生长育肥牛或育肥羊，日粮中添加比例分别为25%~30%、15%~20%（图5-22）。

图5-22　反刍动物（左为中国荷斯坦牛，右为湘东黑山羊）

第三节　桑蚕丝绵被加工

一、加工场地与装备

选择在原料茧收购场所建厂，可套用收烘场地和部分工具。要求水源清洁、充足，日晒充分，具有加工用电条件。具备与加工产品类别、数量相适应的加工车间，仓库、晒场等辅助场地。根据加工品类和规模，加工丝绵被应具备蒸汽锅炉、拉绵机或开松机、精炼池、漂洗池、甩干机、干燥设施、绵胎工作台、工业缝纫机、绗缝机、裁剪台等装备以及茧框、茧袋等工具。

二、丝绵加工工艺

根据加工工艺不同，桑蚕丝绵可分为手工丝绵、机制丝绵以及干丝绵、水丝绵等几种类型。其中，先开松后干燥的俗称水丝绵，先干燥后开松的俗称干丝绵。机制干丝绵的加工流程为削口茧选择→煮茧→漂洗→甩干→烘干或晒干→除杂→开松→疏理成片。机制（手工）水丝绵的加工流程为选茧→煮茧→开松（手工拉绵）→精炼→漂洗柔软→甩干→烘干（晒干）定型。

选茧：削口茧去除死蛹、死蚕、蛹衬等杂质；双宫、黄斑茧选除薄皮烂茧（图 5−23）。

图 5−23　原料茧的选茧

煮茧：削口茧或手工制绵用双宫茧，在常温水中浸泡 2~3 小时，滤去污水，用浓度为 0.5% 的纯碱溶液根据茧层厚薄煮沸 40~60 分钟；机制水丝绵使用蒸汽煮茧系统，用 0.5% 的纯碱溶液，70~80℃水温喷淋茧壳，使丝胶逐步溶化，离解茧层（图 5−24）。

图 5−24　煮茧

开松疏理：机制水丝绵使用拉绵机，利用滚筒毛刺拉开茧层，剥离蚕蛹、蛹衬，缠卷成绵片；手工水丝绵使用弓形竹片人工剥丝；机制干丝绵采用开茧机、疏理机，开松削口茧干绵片，疏理丝筋硬块（图 5–25）。

图 5–25　不同工艺的丝绵开松疏理

精炼：机制水丝绵配制氢氧化钠、丝光皂、泡花碱等助剂溶液，浸入绵片煮沸至 100℃，拌炼 30 分钟左右（图 5–26）。

图 5–26　丝绵的精炼

漂洗柔软：在活水中反复漂尽碱液。机制水丝绵加丝毛柔软剂等使其柔软爽滑。

甩干：使用甩干机甩干水分（图 5-27）。

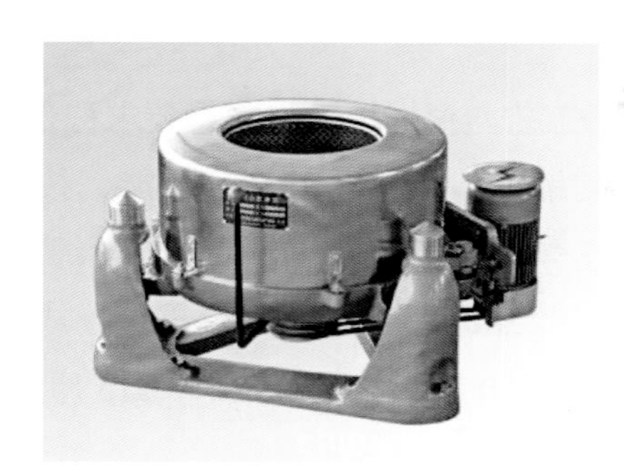

图 5-27　甩干机

干燥：干丝绵可使用烘茧机、风扇灶烘干或晒干。水丝绵一般在绵片中加入膨松、干燥助剂处理，在专业烘房中经 100~150℃快速烘焙定型（图 5-28）。

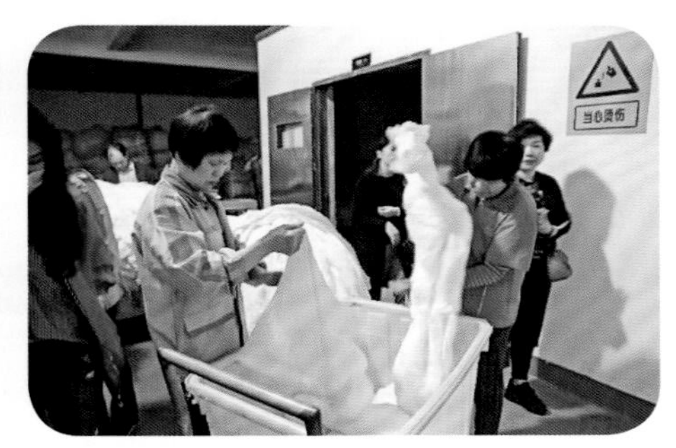

图 5-28　丝绵的干燥

三、制被工艺

1. 被胎工艺

一般采用传统手工工艺。根据填充物重量要求称量丝绵；四人组合拉绵成网状，层层网叠均匀铺就，利用蚕丝粘连性能，按被芯尺寸要求网结成型（图 5–29）。根据各季及个体需求，被胎填充丝绵通常有 500 克 、1000 克、1500 克、2000 克、2500 克、3000 克等重量，或组合为可分拆的子母被。外形尺寸一般设计为 200 厘米 ×150 厘米、215 厘米 ×180 厘米、230 厘米 ×200 厘米 、248 厘米 ×248 厘米等规格。

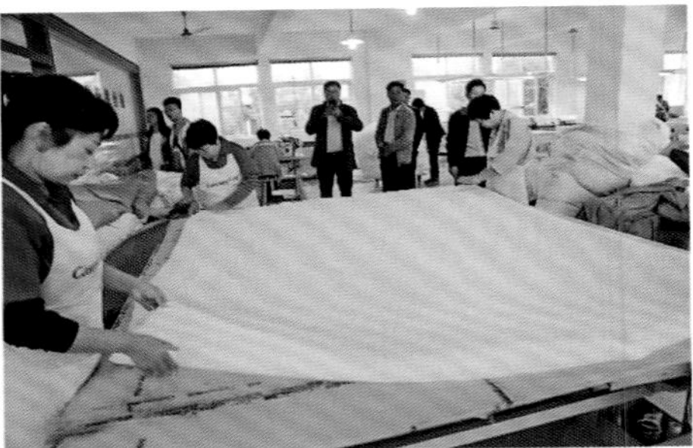

图 5–29　被胎的手工制作

2. 缝制工艺

一般选择高支高密精梳全棉缎纹或提花面料，轻上浆或免上浆。根据产品工艺要求，幅宽分别使用 160 厘米、183 厘米、210 厘米、240 厘米及 250

厘米等规格。缝制分手工固定和绗缝机固定两种。手工固定工艺须先做好三边缝制固定、一边装拉链的丝胎套，将丝胎衬于套中，使丝胎边缘与胎套四周贴合，从拉链口翻转抖平整；均匀选择被体 9~12 个点，人工针线“点”状固定丝胎与胎套。绗缝应做到构图完整，控制被胎错乱、穿孔和移位；确保包边压绵稳固，被胎边角填充均匀到位（图 5-30）。

图 5-30　丝绵被的缝制

参考文献
Reference

[1] 向仲怀. 立桑为业，拓展提升 [J]. 蚕业科学，2015，41（1）：1-2.

[2] 鲁成. 国家蚕桑产业技术体系建设 5 年纪实 [J]. 蚕业科学，2014，40（2）：181 - 186.

[3] 鲁成. 大漠驼铃 [G]. 重庆：西南大学生物技术学院编印，2016.

[4] 封槐松，李建琴. 我国蚕桑产业发展十二五回顾与十三五展望 [J]. 中国蚕业，2016，37（1）：4-10.

[5] 李建琴. 蚕桑产业转型升级理论与路径 [J]. 蚕业科学，2017，43（3）：361-368.

[6] 李龙. 国家蚕桑产业技术路线图 [M]. 北京：中国农业出版社，2016.

[7] 顾国达，李建琴. 2012 年蚕桑产业发展趋势与建议 [J]. 中国蚕业，2012，33（1）：1-4.

[8] 鲁成. 中国现代农业产业可持续发展战略研究（蚕桑分册）[M]. 北京：中国农业出版社，2013.

[9] 廖森泰，肖更生. 蚕桑资源与食疗保健 [M]. 北京：中国农业科学技术出版社，2013.

[10] 李建琴，顾国达，邱萍萍，等. 我国蚕桑生产效率与

效益的变化分析［J］. 中国蚕业，2012，33（4）：1－7.

［11］罗国庆，吴福泉，唐翠明. 华南蚕区种桑养蚕实用技术及规程［M］. 北京：中国农业出版社，2012.

［12］鲁成，徐安瑛. 中国家蚕实用品种系谱［M］. 重庆：西南师范大学出版社，2015.

［13］鲁成，计东风. 中国桑树栽培品种［M］. 重庆：西南师范大学出版社，2015.

［14］顾家栋. 中国南亚热带蚕丝学［M］. 南宁：广西科学技术出版社，2012.

［15］吕鸿声. 栽桑学原理［M］. 上海：上海科学技术出版社，2008.

［16］王彦文，崔为正，王洪利. 省力高效蚕桑生产实用新技术［M］. 北京：中国农业科学技术出版社，2014.

［17］艾均文，龚昕，肖建中，等. 基于可持续发展要求对湖南打造生态高效蚕业的探讨［J］. 湖南农业科学，2015，353（2）：62-66.

［18］艾均文，龚昕，丁伟平，等. 湖南蚕桑产业现状及“十三五”发展建议［J］. 湖南农业科学，2015，355（4）：135-139.

［19］艾均文，李飞鸣，张国平，等. 服务长株潭种植业结构调整战略，促进生态蚕桑与高效蚕业融合［J］. 中国蚕业，2015，36（3）：60-62.

［20］江苏省苏州市质量技术监督局. 优质桑园栽培技术规程［S］.DB3205/T 076，2004.

[21] 陈乐阳，黄世荣 . 果桑标准化栽培技术 [J] . 中国蚕业，2013，34（2）：57－59.

[22] 黄世荣，陈乐阳，楼炯伟，等 . 大 10 果桑不同栽培模式与栽植密度探讨 [J] . 中国蚕业，2011，32（4）：24－29.

[23] 张仟，任毅，艾均文，等 . 湖南长株潭地区果桑大棚栽植技术 [J] . 四川蚕业，2019，4：30−32.

[24] 张彩萍 . 戊唑醇等 4 种抗真菌药剂对桑葚菌核病的防治效果试验 [J] . 中国蚕业，2018，39（ 1）：8－10.

[25] 彭晓红，俞燕芳，胡丽春，等 . 菜用桑栽培技术初探 [J] . 蚕桑茶叶通讯，2019，193（3）：1−4.

[26] 中华人民共和国农业部 . 绿色食品 产地环境技术条件（NY/T 391−2000）[S] .2002.

[27] 余茂德，楼程富 . 栽桑学 [M] . 北京：高等教育出版社，2016.

[28] 华德公，胡必利，蒯元璋，等 . 图说桑蚕病虫害防治 [M] . 北京：金盾出版社，2006.

[29] 胡兴明，邓文 . 蚕桑优质高产高效技术问答 [M] . 武汉：湖北科学技术出版社，2014.

[30] 冯家新 . 家蚕胚胎发育图及蚕种催青标准 [S] .2015.

[31] 张国政，沈中元，吴福安，等 . 种桑养蚕实用技术 [M] . 北京：中国科学技术出版社，2019.

[32] 国家蚕桑产业技术体系病虫害防控研究室 . 主要蚕病防治挂图 [M] .2018.

[33] 四川省质量技术监督局 . 桑蚕纸板方格蔟上蔟技术规

程（DB51T1023—2010）[S] .

[34] 廖森泰，杨琼 . 家蚕微粒子病防治新技术研究 [M] . 北京：中国科学技术出版社，2015.

[35] 国家蚕桑产业技术体系标准 . 桑蚕茧干燥技术规程（TX03-15-2015）[S] .2015.

[36] 国家蚕桑产业技术体系标准 . 桑蚕茧（鲜茧）分类与分级（CS01-24-2016）[S] .2016.

[37] 国家蚕桑产业技术体系标准 . 桑蚕省力蚕台饲育技术规程（CS01-21-2016）[S] .2016.

[38] 国家蚕桑产业技术体系标准 . 桑蚕上蔟技术规程（TX03-14-2015）[S] .2015.

[39] 国家蚕桑产业技术体系标准 . 果桑栽培技术规程（TX03-04-2015）[S] .2015.

[40] 国家蚕桑产业技术体系标准 . 桑蚕五龄期条桑斜面育技术规程（CS01-20-2016）[S] .2016.

[41] 中华人民共和国国家质量监督检验检疫总局 . 桑蚕鲜茧分级（干壳量法）(GB/T19113—2003)[S] . 2013.

[42] 胡祚忠 . 茧丝检验 [M] . 北京：中国农业科学技术出版社，2015.

[43] 崔为正，张升祥，刘庆信，等 . 我国家蚕人工饲料的研究概况及生产应用进展 [J] . 蚕业科学，2016，42（1）: 3-15.

[44] 山东广通蚕种有限公司 . 家蚕农药中毒的种类及症状 [OL] .https://mp.weixin.qq.com/s/GpD4HRvE7LX69aL66Bg_bg.

［45］莫秀芳，李星翰，王晓岚，等．苯醚甲环唑和嘧菌酯对家蚕的生长发育毒性［J］．农药学学报，2018，20（6）：758-764.

［46］戴建忠，陈伟国，张芬，等．虱螨脲对家蚕的毒性评价［J］．蚕桑茶叶通讯，2015，176（2）：1-2.

［47］廖森泰．桑基鱼塘话今昔［M］．北京：中国农业科学技术出版社，2016.

［48］范涛．桑园复合经营技术——间作套种［M］．南京：东南大学出版社，2013.

［49］刘宏．食用菌营养价值及开发利用［J］．中国食物与营养，2007（12）：25-27.

［50］孙波，周洪英，吴洪丽．桑枝栽培食用菌研究进展［J］．食用菌，2015（4）：5-7.

［51］欧盛．利用桑枝栽培食用菌的病虫害及其防治措施［J］．中国农业信息，2015（12）：104-105.

［52］陈娇娇，张燕，龙素梅，等．桑枝屑食用菌的主要栽培技术研究［J］．农业与技术，2017，37（16）：148.

［53］浙江省质量技术监督局．桑枝黑木耳生产技术规程［S］．DB33/T 798，2010.

后记
Postscript

湖南栽桑养蚕历史悠久，丝绸文化底蕴深厚。素纱襌衣、湘绣是湖南的艺术名片与湖湘文化的重要载体。蚕桑产业具有单位面积比较效益高、生态功能突出、资源开发空间大的优势，但也面临劳动密集性强、产品结构单一的发展瓶颈。为此，湖南省蚕业科技工作者和生产技术人员，在不断吸收国内先进实用技术的基础上，针对本省蚕桑生产实践与特色，探索形成了一系列省力高效栽桑养蚕新技术，并取得了生态多元化蚕桑资源开发新成果，对促进湖南省蚕桑提质增效具有重要作用。

为普及推广实用新技术，我们组织编写了《栽桑养蚕新技术》，既全面汇集整理了栽桑、养蚕、桑蚕病虫害防治、蚕茧收烘等适合规模高效蚕业发展的新技术；也关注产业发展趋势，重点介绍了桑果、桑枝食用菌、丝绵被、饲料桑、桑叶黑茶以及桑园复合经营等业已形成产业开发格局或态势的蚕桑资源高效利用新模式与新技术。本书图文并茂，通俗易懂，实用性强，可作为技术培训资料或供从业人员在生产中参考使用。

本书的编写得到了国家蚕桑产业技术体系沈中元、赵爱春、刘吉平、刘利、胡兴民、张建华、吴福安、胡祚忠、张友洪、许明芬、薛忠明、杜贤明等多位专家和同行的热心支持与帮助，并参阅和引用了国内外许多学者、专家的研究成果与文献，在此一并表示感谢！

由于编者水平有限，书中如有不妥之处，敬请读者批评指正。

编　者

图书在版编目（CIP）数据

栽桑养蚕新技术 / 艾均文主编. -- 长沙 : 湖南科学技术出版社, 2020.3（2020.8 重印）
（湖南种植结构调整暨产业扶贫实用技术丛书）
ISBN 978-7-5710-0416-3

Ⅰ. ①栽… Ⅱ. ①艾… Ⅲ. ①蚕桑生产 Ⅳ. ①S88

中国版本图书馆 CIP 数据核字(2019)第 276111 号

湖南种植结构调整暨产业扶贫实用技术丛书
栽桑养蚕新技术
主　　编：艾均文
责任编辑：欧阳建文
出版发行：湖南科学技术出版社
社　　址：长沙市湘雅路 276 号
　　　　　http://www.hnstp.com
印　　刷：长沙德三印刷有限公司
　　　　　（印装质量问题请直接与本厂联系）
厂　　址：湖南省宁乡市夏铎铺镇六度庵村十八组（湖南亮之星酒业有限公司内）
邮　　编：410064
版　　次：2020 年 3 月第 1 版
印　　次：2020 年 8 月第 2 次印刷
开　　本：710mm×1000mm　1/16
印　　张：16.75
字　　数：220 千字
书　　号：ISBN 978-7-5710-0416-3
定　　价：48.00 元